숫자 갖고
놀고 있네

ARITHMETIC
By Paul Lockhart

Published by arrangement with Harvard University Press

This Korean edition was published by House of Thinking in 2018 by arrangement with Harvard University Press through Pubhub Literary Agency.

수학을 포기할 수 없는 당신이 알아야 할 최소한의 지식

숫자 갖고 놀고 있네

폴 록하트 지음 | 김정은 옮김

생각의 서재

추천사

키스 데블린_『수학으로 이루어진 세상』 저자

오늘날 인류는 역사의 그 어느 때보다도 더 숫자에 의존하고 있다. 하지만 값싸고 믿을 만한 계산기계의 등장 덕분에 우리가 직접 계산을 해야 할 필요는 오히려 거의 없어졌다. 저자에 따르면 손으로 직접 계산하는 번거로움으로부터 해방됨으로써 인류는 한 발짝 뒤로 물러나 수천 년이 넘는 산수의 발전사를 되돌아볼 수 있게 되었다. 숫자란 무엇인가? 숫자는 어떻게 등장하게 되었는가? 우리 조상들은 왜 숫자를 발명하였으며, 어떤 방식으로 표현하였는가? 인류의 가장 위대한 발명 중 하나인 숫자는 의심의 여지없이 우리 삶에 지대한 영향을 미치고 있다. 저자는 숫자에 얽힌 다양한 이야기를 아주 매력적으로 풀어내고 있다.

배리 머주어_하버드대학교 교수, 『허수』 저자

산수가 주는 놀라운 기쁨을 느껴보고 산수의 역사적 기원을 깊이 이해하는, 이 열정적이고도 흥미로운 여정으로 여러분을 초대한다! 놀라울 정도로 독창적이고, 무엇보다 재미있다.

안드레아 탈라리타_문화비평 매거진 《팝매터스》 평론가

책을 읽기 시작하는 그 순간부터 감동 그 자체였다. 우리가 계산을 하고 숫자를 이해하는 방식이 얼마나 임의적인 것인지를 드러냄으로써 저자는 그에 관한 익숙하고도 근본적인 가정을 완전히 해체한다. 특히 수학에 문외한인 사람들에게 이 책은 기분 좋은 놀라움을 선사할 것이다. 저자의 재미있는 글과 편안한 접근법 덕분에 추상적인 내용이 나올 때조차 흥미롭게 집중할 수 있다. 배움과 즐거움이 모두 담긴 기분 좋은 책이다.

제인 글리슨 화이트_《월스트리트저널》

영감과 정보를 동시에 주는 유익한 책. 널리 추천하고픈 책!

조너선 키츠_《뉴 사이언티스트》

숫자 세기부터 곱셈, 분수에 이르기까지, 숫자를 다루는 다양한 과정을 섬세하게 이해할 수 있도록 도와주며, 우리가 오랫동안 암기식 공부법에 의해 기계적으로 습득해온 산수를 진정한 이해의 길로 이끌어준다. 저자에 따르면 산수는 뜨개질과 같은 즐거운 취미활동이다. 타불라 위에 칼쿨리를 옮기다 보면 여러분도 저자가 무엇을 말하는지 알게 될 것이다.

《사이언스 뉴스》

단순히 산수 기술을 가르쳐주는 책이 아니다. 이 재미난 책을 통해 우리는 수 체계에 대한 철학적 접근법과 수학의 아름다움을 경험해볼 수 있다.

아마존 서평

★★★★★ 저자의 책들은 깊이가 있으면서도 재미있다. 그리고 말 그대로 내 인생의 스승과 같다. 특별히 이 책은 숫자에 대한 그의 이전 책들에서 확장되어 대수학과 기하학, 미적분학과 연결된다. 저자는 이 모든 수학의 영역들이 패턴을 이해하는 기술이라는 점에서 어떻게 들어맞는지를 아름다울 정도로 단순하게 설명한다.

★★★★★ 이 책은 모두를 위한 책은 아니다. 그러나 만일 당신이 숫자를 즐긴다면, 즉 숫자가 '느끼는' 방식과 그것들이 만드는 패턴을 즐긴다면, 이 책은 바로 당신을 위한 책이다.

★★★★★ 기초학문을 배우는 모든 대학생들이 이 책을 사서 읽었으면 한다.

★★★★★ 저자는 훌륭한 작가이면서 수학을 사랑하는 사람이다. 이 조합으로 인해 그의 수학 글쓰기는 중독성이 강하다. 분명한 예를 제시하고 유머를 곁들이는 방식이 나는 좋다.

★★★★★ 대단한 책이다. 교사든 학생이든 모든 독자층을 감안한 실질적이고 단순한 글쓰기가 돋보인다.

★★★★★ 재밌게 읽었다. 쉽게 읽히고 따라갈 수 있었다. 생각하고 이해해야 할 거리들이 많다. 나 같은 수포자에게 매우 좋은 책이다.

★★★★★ 재밌고 읽기 쉽다. 게다가 분량까지 딱이다. 어떤 것도 당신의 머리를 넘어서지 않는다. 숫자란 무엇인가에서 시작한다. 당신이 수학 책을 읽지 않는 사람이라면 이 책으로 시작하면 좋을 것이다.

숫자로 하는 뜨개질

물건을 늘어놓고 숫자를 세는 재미를 아시나요?

이를 좋아하는 사람들이 많이 있었습니다.

그들은 아주 오랜 옛날부터 숫자놀이를 하나의 예술이자 기술로 발전시켰답니다.

바로 산수입니다.

산수를 이용하면 우리는 숫자 정보를 더 쉽게 비교하고 전달할 수 있습니다.

산수를 공부하며 두뇌운동을 할 수도 있고, 퍼즐 맞추기를 하듯이 느긋하게 즐길 수도 있습니다.

말하자면 산수는 숫자로 하는 뜨개질입니다.

하지만 그 이상도 그 이하도 아닙니다.

산수를 공부한다고 갑자기 똑똑해지거나 수학에 소질이 생길 거라고 기대하지는 말아주세요.

반대로 산수를 못한다고 멍청하거나 수학적 지능이 낮다고 생각할 필요도 없습니다.

사실 산수는 다른 수많은 기술과 전혀 다르지 않습니다.

노력하면 누구나 잘할 수 있고, 설사 못한다고 해도 사는 데 별 지장은 없지요.

그럼에도 산수는 무척 재미있고 유용합니다.

숫자가 우리에게 주는 순수한 즐거움과 만족감을 이 책을 읽는 여러분이 직접 경험해볼 수 있기를 바랍니다.

자, 이제 함께 즐겨봅시다!

차례

2부

옛사람들은 숫자로 무엇을 했을까?

3부

산수를 알면 수학이 재밌어진다

A R I T H M E T I C

1부

세상에서 가장 재밌는 놀이

1장

사물: 산수에 눈뜨다

수를 헤아리는 이유

우리는 수많은 사물들에 둘러싸여 있습니다. 동물과 식물, 바위와 나무, 밤하늘의 별, 해변의 모래까지 세상은 많은 것들로 가득합니다. 그리고 우리는 그것들의 수를 셉니다.

그렇다면 그렇게 귀찮은 일을 왜 하는 걸까요? 사실 그렇게 많이 하지는 않습니다. 보통은 개수를 하나하나 따져볼 필요가 없지요. "꽤 많네"라든가 "이거 좀 부족한데" 정도면 충분합니다.

우리가 수를 세는 이유는 무엇보다도 '비교'하기 위해서입니다. 그런데 일상에서는 비교도 그리 어렵지 않습니다. 예를 들어, "전부 만팔천 원이라고요? 아, 여기 이만 원 있네요. 다 살게요!" 마트에서는 이 정도만 할 수 있으면 되지요. 그리고 요즘 세상에 "삼만팔천오백 원입니다. 사만 원 받았습니다. 거스름돈 천오백 원입니다"라고 하는 사람이 어디

있나요? "삑. 삑. 카드 주세요!"면 됩니다! 말하자면 우리는 수를 헤아릴 필요가 없는 세상을 살고 있는 겁니다. 그럼에도 정확한 개수를 알아야 하는 경우는 분명 존재합니다. 인간은 과연 언제, 그리고 왜 수를 세는 걸까요?

인류가 수를 헤아렸던 가장 오래된 이유는 시간을 알기 위해서였습니다. 예를 들어, 선사시대 부족들이 며칠 뒤 부족장 회의를 열기로 했다면 그때까지 달이 몇 번 더 뜨고 지는지를 정확히 헤아려야만 했을 겁니다. 사냥하러 나간 남자들을 기다리던 원시부족의 아낙네들은 며칠이나 지났는지 기억하려고 매일 나무에 줄을 새겼을 테고요. 사람들은 지금도 시간을 헤아리는 데 아주 많은 노력을 쏟습니다. 그것도 아주 많이요.

또 하나 우리가 꼼꼼히 세는 대상으로는 돈이 있습니다. 사람들이 그놈의 돈을 얼마나 신중하게 세고 또 세는지, 더 이상 설명할 필요가 있을까요? 소유물에 대해서는 또 어떻습니까? 우리는 어른 아이 할 것 없이 모두 자신의 소유물을 세느라 여념이 없습니다.

"내 구슬 하나라도 빼놓지 않았겠지?"

"은수저가 더 많으면 좋을 텐데."

거기에 땅, 곡식, 가축 등 동서고금을 막론하고 통용되는 부의 척도들. 하물며 『성경』에서까지 '칠년의 풍년과 칠년의 흉년'을 논합니다. 과연 인간이란 얼마나 숫자를 좋아하는 존재인지!

그런가 하면 순수한 호기심 때문에 수를 세기도 합니다.

"은하수에 별이 몇 개나 있을까?"

"숨을 몇 초나 참을 수 있을까?"

하다못해 "책장에 책을 몇 가지 방법으로 꽂을 수 있을까?"를 궁금해할 수도 있습니다.

어떻게 비교할까?

이처럼 이유와 목적은 다를지라도 누구에게나 수를 세고 싶은 순간은 찾아옵니다. 산수의 시작 역시 바로 그 '욕망'이었습니다. 그런 점에서 관심 없는 대상의 수를 센다는 건 아무 의미가 없는 일입니다. 여러분도 행여나 그러지 마세요. 아마 숫자 자체가 싫어질 겁니다. 이미 너무 많은 사람들이 산수를 싫어하지요. 관심 없는 일을 억지로 시켜대니 그럴 수밖에 없습니다. 참으로 슬픈 일이에요.

어쨌든 이처럼 세상에는 수많은 사물이 존재하며 때때로 우리는 그 수를 세고 싶어 합니다. 그런데 세상 모든 사물을 셀 수 있는 건 아닙니다. 이를테면, 우유의 양이나 사람의 키, 땅의 넓이는 셀 수가 없고, 대신 측정해야 합니다. 즉, 사회적으로 합의된 기준인 단위(밀리리터㎖, 센티미터㎝, 제곱미터㎡ 등)를 정하고, 그 단위의 수를 세어야 합니다. 이렇게 단위를 정해놓은 덕분에 우리는 연속적으로 이어진 대상을 분절된 덩어리로 쪼개어 인식할 수 있고, 따라서 셀 수 없는 것도 셀 수 있게 되었지요. 그러므로 여기서는 논의를 개별적인 사물의 수를 세는 데에만 한정하도록 하겠습니다.

앞서 언급했듯이, 수를 세는 건 결국 비교의 문제입니다. 단순히 호기심으로 수를 세는 경우라도 해당 수치를 알기 위해서는 기준이 되는 다른 수와 비교를 해야 합니다. 여기서 기준이 되는 수란 크기를 가늠하기에 적합한 익숙한 수를 뜻하며, 보통 자기만의 이름을 가집니다. 예를 들어, 닭장에 닭이 서른두 마리 있다고 할 때, 여러분은 무의식적으로 '서른'이라는 이름의 익숙한 수와 비교를 통해 닭의 숫자를 인식합니다.

일상생활에서도 마찬가지입니다.

"이 정도면 충분하겠지?"

"이렇게 많은데 다 들어갈까?"

"전엔 더 많았던 것 같은데……. 다 어디 간 거야?"

이럴 때 필요한 건 결국 비교입니다. 그러니 우리에게 슬쩍 보기만 해도 두 집합 중 어느 것이 더 큰지를 알 수 있는 능력이 있다면 얼마나 좋을까요? 후각이나 미각처럼 일종의 '숫자 감각'이 있다면 말입니다. 우주 어딘가에는 이런 숫자 감각을 갖춘 생물이 존재할지도 모릅니다. 실제로 가끔 그런 인간(보통 사고를 당해 신경이 심각하게 손상된 사람들)이 나타나기도 하고요. 하지만 우리들 대부분의 숫자 감각은 생각보다 상당히 둔합니다. 예를 들어, '셋'까지는 누구나 일일이 세지 않고도 쉽게 인식할 수 있지만, 여섯이나 일곱만 넘어가도 슬슬 헷갈리기 시작합니다.

나의 숫자 감각은 어느 정도이며, 연습하면 과연 좋아질까?

산수라는 기술을 발명하다

인간의 숫자 감각이 둔한 데에는 이유가 있습니다. '패턴 인식'에 너무나 능숙하기 때문입니다. 인간의 뇌는 패턴화된 정보를 저장하는 데에 특화되어 있는 반면 무질서하게 흩어진 정보에는 아주 약합니다. 다음 그림은 '여섯'이란 개념을 보여주는 두 가지 사례입니다.

나의 '여섯 인식 감각'도 썩 훌륭하진 않은 것 같습니다. 첫 번째 그림에서는 점 하나하나를 세어봐야 했거든요. 하지만 두 번째 그림은 한눈에 알아볼 수 있었습니다. 어려서부터 수없이 접해본 주사위 패턴이지요. 주사위 놀이를 할 때 점 하나하나를 세는 사람은 없습니다. 알아보기 쉽고 익숙하기 때문입니다.

이처럼 대상이 잘 배열되어 있으면 수를 파악하기가 훨씬 쉽습니다. 반면에 방 안에 아무렇게나 흩어져 있는 잡다한 물건의 수를 세고 싶어 하는 사람이 누가 있을까요? 숫자를 셀 때 중요한 건 기억력과 시간감각입니다. 여기에 문제가 생기면 숫자 세기가 어려워지지요. 여러분도 "앗! 어디까지 셌더라? 까먹었어!" 하는 경험을 해봤을 테지요? 숫자를 세다가 도중에 잊어버려서 처음부터 다시 세어야 하는 그 짜증나는 상황을 겪어보지 않은 사람이 과연 있을까요? 모르긴 몰라도 인류 역사상

극히 드물 겁니다. 인간이란 바로 그런 존재이니까요. 이런 일은 세어야 할 사물이 전부 똑같이 생긴 데다가 뒤죽박죽 엉망으로 흩어져 있어서, 방금 어디까지 세었는지 헷갈리기 쉬울 때 잘 벌어집니다.

물론 사물이 잘 정리되어 있다고 해서 헷갈리지 않는 것은 아닙니다. 인간은 본디 반복적인 일을 잘 해내지 못합니다. 너무 지루한 일을 하다 보면 정신이 산만해져 버리고 말지요. 겨우 그런 일에 집중하기에는 인간이 너무 똑똑한 존재인 걸까요?

어쨌든 인간은 다섯 이상 넘어가는 수를 직관적으로 인식하지 못하고, 무질서한 것을 다루는 데는 아주 젬병이며, 단순하고 지루하고 반복적인 일이라면 집중하지 못하고 딴생각에 빠지는 무능한 존재라는 결론이 나왔군요. 도대체 이 문제를 어떻게 해결해야 할까요? 바로 여기에서 기술과 과학이 등장합니다. 인류는 패턴화된 정보에 특화된 우리 뇌에 걸맞은 창의적이고 흥미로운 산수의 기술을 만들어냈습니다.

돌멩이의 수가 홀수인지 짝수인지를 쉽게 알기 위해 어떤 방법을 쓸 것인가?

2장

언어: '셋'은 왜 '3'인가?

꼬리와 털이 없는 고양이

전체적인 크기를 가늠하여 수를 파악하는 경우가 있습니다. 이를테면 구슬 한 묶음의 크기를 보고 구슬이 총 몇 개인지 추측하는 것입니다. 여기에는 한 가지 전제가 암묵적으로 깔려 있습니다. 즉, 사물의 수는 그것이 어떻게 배열되느냐와는 무관하다는 것이지요. 구슬이 일곱 개 들어 있는 주머니에 손을 넣고 마구 뒤적거린다고 해도 구슬의 수는 변하지 않습니다. (물론 너무 세게 섞는 바람에 구슬이 깨지거나 주머니에 구멍이 뚫리는 일은 없어야겠지요.) 인간은 누구나 자라면서 이와 같은 '수의 불변성' 개념을 습득합니다. 그 덕분에 우리는 어떤 대상의 수를 파악하고자 할 때 필요에 따라 배열을 이리저리 바꿔볼 수 있습니다. 그렇게 해도 도출하고자 하는 정보가 전혀 훼손되지 않기 때문입니다.

하지만 이건 세려는 대상이 구슬이나 동전처럼 작고 휴대성이 좋은 경우에나 가능한 이야기입니다. 너무 크거나 아주 멀리 떨어져 있는 물건이라면, 혹은 움직이기까지 한다면 어떨까요? 심지어 시간처럼 순간적으로 사라져버리는 대상은 과연 어떻게 다루어야 할까요?

이럴 때 우리는 대체물을 이용합니다. 세어야 할 대상을 다루기 쉬운 다른 것으로 대신하는 것입니다. 그것을 '표현'이라고 합니다.

시작이 언제부터였는지 확실히 알 수는 없지만, 고대 동굴벽화나 조각상들을 통해 인류가 상당히 오래전부터 대체 표현을 사용해왔음을 알 수 있습니다.

물론 영장류의 몸짓이나 호박벌의 춤처럼 다른 종에서도 비슷한 행동이 관찰되곤 합니다. 하지만 그 빈도와 깊이에 있어 인간의 대체 행위에는 전혀 미치지 못합니다. 사실 인간의 언어 자체가 바로 감각과 기억의 대체물들이 복잡하게 얽히고설킨 하나의 거대한 집합체입니다. 단어 하나하나는 그에 상응하는 감각 경험들을 대체하지요. 그러므로 표현이란 인간 의식을 구성하는 근본적인 요소라고 보아도 무방합니다.

심지어 대체 표현을 쓰는 데 너무나 익숙해진 나머지 표현과 사물 자체의 구분이 어느 순간 흐릿해져 버리기도 합니다. 예를 들어, '고양이'

는 나란히 배열된 세 개의 글자에 불과합니다. 꼬리도 털도 없으며, 단지 꼬리와 털이 달린 특정 대상을 지칭하는 하나의 암호일 뿐이에요. 줄리에트의 독백이 정곡을 찌르는군요.

이름이 무슨 소용인가? 장미라고 불리는 그것.

다른 어떤 이름이더라도 똑같이 향기로울 텐데!

그러므로 수 체계를 설계할 때도 수 자체와 그 표현을 명확히 구분해야 합니다. 둘을 뒤죽박죽 섞어서 생각하는 경우가 많은데, 그래서는 안 됩니다.

손 안의 정보

어쨌든 역사의 어느 시점부턴가(한 20만 년 전쯤 되려나요?) 인간은 사물을 다른 것을 이용하여 표현하기 시작했습니다. 이렇게 하면 무엇보다 휴대성이 좋아집니다. 예를 들어, 양을 조약돌이라는 대체물로 표현하면 양이 전부 몇 마리인지 알고 싶거나 사고팔아야 할 때 진짜 양을 전부 끌고 오는 대신에 주머니 속 조약돌을 꺼내보기만 하면 됩니다(양들도 얼마나 편하겠어요!).

돈이 처음 생겨난 것도 비슷한 맥락에서였을 겁니다. 축구감독이 작전을 짤 때도 마찬가지이지요. 운동장에서 크고 육중한 진짜 선수들을 움직이게 하는 것보다는 작은 자석을 작전판 위에서 이리저리 옮겨보는 편이 훨씬 쉽습니다.

어느 원시인이 우물 주변에 사자가 몇 마리 있는 걸 보고, 그 정보를 동료들에게 전하려고 합니다. 그는 사자의 수에 맞게 얼른 주변에 있는 돌멩이나 열매를 모읍니다. 휴대하기 쉬운 대체물을 이용해서 정보를 말 그대로 손 안에 쥐고 돌아가는 겁니다. 숫자의 본질이란 바로 이것, 정보입니다. 사자를 돌멩이로 대체한다고 해도 정보 자체는 변하지 않습니다. 정보를 보유하고 전달하기가 훨씬 쉬워질 뿐입니다.

우리가 숫자를 사용하는 것도 이 때문입니다. 결국 언어(그중에서도 숫자)의 역사란 표현이 더욱 추상적이고 전달하기 쉬운 형태로 변해가는 일련의 과정이었습니다. 맨 처음에는 진짜 영양만이 존재했지만 어느 순간 영양을 그린 벽화가 등장하였고, 그것은 다시 바위나 나뭇가지로, 손가락으로, 뼈에 선을 긋는 것으로, 언어적 표현(즉, 단어)으로 변하였으며, 마지막에는 추상적인 기호로 진화했습니다.

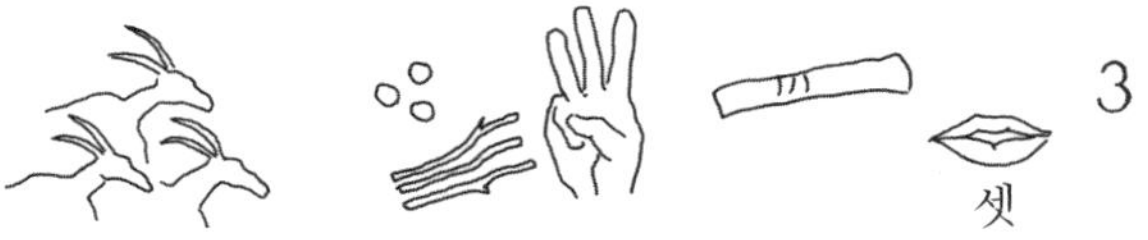

이 같은 진화는 아마도 정보를 설명하고 전달하고자 하는 필요로부터 비롯되었을 것입니다. 수학 역시 본질적으로는 세상을 설명하기 위한 기술이며, 모든 수학 이론은 어떤 패턴이나 개념을 설명해주는 '정보 전달자'로서 설계됩니다. 그리고 수학적 정보 중에서도 가장 기본적인 것이 바로 숫자입니다.

그러므로 앞으로 이 책에서는 수치 정보의 정리 및 전달을 위한 다양한 선택과 전략이 역사적으로 어떻게 변화해왔는지를 상당 부분에 걸쳐 다루게 될 것입니다. 이 과정에서는 숫자 그 자체와 그것이 표현되는 방식을 분명히 구분하는 것이 중요합니다. 고양이처럼 실체가 있는 사물이라면 별로 어렵지 않습니다. '고양이'라는 글자를 쓰다듬는 사람은 없을 테니까요. 하지만 숫자는 그렇게 분명하지가 않습니다. 물론 '셋'이라는 수가 3이라는 기호와 결합되어 있음을 이해하기는 쉽습니다. 그런데 3이 셋을 표현하는 기호에 불과하다면 표현형과는 별개로 존재하는 셋이라는 숫자는 도대체 정체가 무엇일까요? 고양이는 안고 쓰다듬어줄 수 있겠는데, 셋은 도대체 어떻게 만지고 느낄 수 있을까요?

물론 희망이나 사랑 같은 아주 추상적인 개념에 비하면 숫자는 그나마 이해하기가 쉬울지도 모릅니다. 최소한 귤 세 개나 깃털 세 개를 들어 보일 수는 있으니까요. 그럼에도 '셋'의 개념은 마치 짙은 안개 속에 숨은 듯 손에 잘 잡히지 않습니다. 하지만 숫자 셋이 표현형으로부터 독립된 자신만의 본질과 속성(예컨대 홀수라는 것)을 가진 존재인 것만은 분명합니다.

숫자는 원래 모습이 없다

숫자 자체와 표현형의 구분은 생소한 표현 체계를 다룰 때 특히 중요합니다. 우리는 열셋이라는 숫자가 1로 시작해서 3으로 끝난다고 생각하기 쉽지만 사실 그렇지 않습니다. 숫자는 어디서 시작해서 어디서 끝나는 게 아니라 그저 그 자체로서 존재할 뿐입니다. 숫자가 하나로 시작해 하나로 끝나는 모습을 갖는 건 인도-아라비아 숫자의 자릿값 체계에 국한된 이야기입니다. 열셋은 다양한 속성을 가지는 수로서, 소수(1과 그 자신 이외의 자연수로 나눌 수 없는 수)이고, 두 제곱수(즉, 넷과 아홉)의 합이며 홀수이기도 합니다. 하지만 그 어떤 형상도 없습니다. 나의 경우 숫자를 여러 가지 행동 양식을 보이는 일종의 생물이라고 생각하기를 좋아합니다. 하지만 그럴 때도 항상 녀석이 특정한 모습을 가졌다는 생각에 사로잡히지는 않으려고 노력합니다. 숫자의 형태는 본래부터 존재하는 것이 아니라 우리가 결정하는 것이며, 숫자를 잘 표현하고 못하고는 우리의 선택에 달려 있음을 잊어서는 안 됩니다.

돌멩이를 여러 가지 방법으로 늘어놓는 것도 수를 표현하는 한 가지 방법입니다. 앞서 살펴보았듯이, 돌멩이를 시각적으로 정렬할 수 있는 방법은 수없이 많습니다. 세기 쉽고 기억하기 쉽도록 가지런히 배열할 수도 있고 마구 흩트려놓을 수도 있습니다.

나라면 돌멩이를 이용하여 하나부터 열둘까지의 수를 어떤 형태로 배열할까?

예를 들어, 주사위에 나타난 점의 배열은 특히 단순하고 기억하기 쉽습니다.

(여기서 잠깐. 주사위의 점 다섯 개, 즉 ⚄를 '오점형'이라고 부른다고 합니다. 아주 생소하지요? 평생 써볼 기회가 없을 것 같아서 한번 써봤습니다.)

만약 블루마블 게임을 할 때처럼 하나부터 여섯까지의 숫자만으로도 충분한 의사소통이 가능하다면 주사위 배열은 그 자체로도 효과적이고 편리한 '수 언어number language'라고 할 수 있을 겁니다. 손가락도 마찬가지입니다. 야구심판이 한 손은 손가락 두 개만을 펴고 다른 손은 다섯 개를 모두 펴서 들어 보인다면 누구나 그것이 '일곱'을 뜻한다는 사실을 압니다. 하지만 더욱 고도화된 숫자 표현 체계에서는 훨씬 큰 수도 다룰 수 있어야 하므로 문제가 그리 단순하지 않습니다. 앞으로 더 살펴보겠지만, 손가락이 부족하기 때문만은 아닙니다. 정말로 부족한 건 인간의 기억력입니다.

한 손만을 써서 하나부터 스물까지의 숫자를 표현할 수 있는가?

3장

반복: 지루한 건 못 참아

탤리 마크와 울타리 만들기

숫자를 표현하는 가장 오래되고도 단순한 방법으로 탤리 마크tally mark가 있습니다. 세려는 대상 하나당 획을 하나씩 긋는 방식입니다. 예를 들어, 넷은 ||||처럼 표현합니다. 현존하는 탤리 마크 가운데 가장 오래된 것으로는 아프리카에서 발견된 기원전 1만 8000년경의 이상고Ishango 뼈가 있습니다.

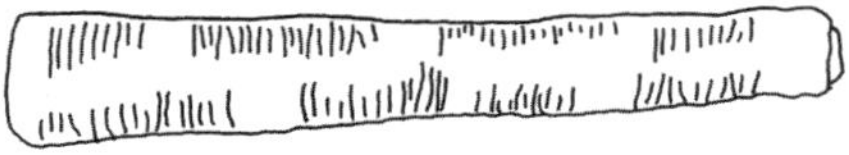

무엇을 세려던 것인지는 알 수 없지만 뭔가 기록하려고 했던 것만은 분명해 보입니다. (물론 지루해서 끼적인 낙서라거나 단순한 장식에 불과할 가능성도 없진 않습니다.) 그게 무엇이었든 인류는 아득한 옛날부터 탤리 마

크를 사용하여 수를 표현해왔습니다.

탤리 마크에는 다양한 장점이 있습니다. 무엇보다도 효율적입니다. 세려는 대상이 아무리 제멋대로 흩어져 있어도 보기 좋게 나열된 똑같은 모양의 획으로 대체할 수 있습니다. 그 어떤 표현이 이보다 단순하고 자연스러울 수 있을까요? 탤리 마크는 과거 운동경기에서 점수를 기록할 때 자주 쓰였고, 죄수가 감옥에 갇힌 지 며칠째인지를 기록할 때에도 쓰였습니다. 이처럼 탤리 마크는 단순하고 편리하며 때와 장소를 가리지 않습니다.

하지만 이번에도 문제는 숫자가 커질 때 발생합니다. 다섯 이하의 작은 수를 표현한 탤리 마크는 한눈에 알아보고 비교하기가 쉽습니다. 총 몇 개의 획이 있는지를 일일이 세어볼 필요 없이 그냥 보면 압니다. 하지만 큰 수를 나타낸 탤리 마크는 직접 세어보지 않고는 알아보기가 어렵습니다. 즉, 탤리 마크에서는 '인식의 문제'가 나타납니다.

||||||||||||과 ||||||||||| 중 어느 것이 더 큰가?

이 문제를 해결하기 위한 다양한 방법이 있지만 그중에서도 '울타리 만들기'가 가장 널리 쓰이고 있습니다. 즉, 5의 배수마다 가로획을 그어 울타리 모양을 만드는 방식입니다. 예를 들어, 열셋은 다음과 같이 표기합니다.

卌 卌 |||

네 개의 획을 가로지르는 다섯 번째 획이 단조로운 반복을 깨면서 한 눈에 알아보기가 훨씬 쉬워졌습니다. 보자마자 다섯 개씩 두 '묶음'과 '나머지' 세 개가 있음을 알 수 있지요. 이제 탤리 마크로 표현된 두 수를 비교하는 건 아주 간단한 문제가 됩니다. 울타리가 하나라도 많은 수가 더 큰 수이고, 울타리의 수가 같다면 나머지가 몇 개인지만 비교하면 됩니다. 이렇게 하여 인식의 문제가 아주 단순하고 명쾌하게 해결되었습니다.

다섯으로 묶을까? 열둘로 묶을까?

산수에서는 이와 같은 '집단화' 기법을 자주 사용합니다. 어떤 상징이 반복적으로 길게 이어지면 인식하고 비교하고 기억하기가 어려워지기 때문에 주어진 수를 일정한 작은 덩어리로 나누어 표현하는 것입니다. 그 과정에서 새로운 표시나 단어 등을 도입해야 하기 때문에 표현 언어가 조금은 더 복잡해지지만 그럴 만한 가치는 충분합니다. 음악에서도 음표의 기나긴 행렬을 리듬 패턴에 따라 소절로 묶는 등 비슷한 기법을 사용합니다. 이처럼 집단화는 인간에게 매우 자연스러운 행동입니다.

집단화의 가장 큰 장점은 시간이 절약된다는 점입니다. 숫자의 인식과 비교가 쉬워질 뿐만 아니라 수치 정보를 더욱 빠르고 정확하게 전달할 수 있습니다.

일단 대상을 여러 집단으로 나누기로 결정했다면 다음으로는 집단의 크기를 정해야 합니다. 예를 들어, 작곡가는 곡을 여러 마디로 쪼개는데, 왈츠에서는 한 마디가 강-약-약의 세 박자로 이루어지고, 그밖에도 4분의 2박자, 4분의 4박자, 8분의 6박자 등 여러 가지 표준적인 박자 패턴이 존재합니다.

마찬가지로 산수학자들도 적합한 묶음의 크기를 선택합니다. 일단 묶음의 크기가 정해지면 단어와 기호, 계산기를 비롯한 모든 수의 언어가 그에 맞추어 설계되며, 곧이어 문화 전반으로 스며듭니다. 예를 들어, 탤리 마크 다섯 개를 한 묶음으로 보는 수 체계에서는 숫자 다섯을 다른 수에 비해 '완전'하고 '순수'한 수라고 여깁니다. 반면 나머지 수를 좋아하는 사람은 없습니다. 불쾌한 잉여분이자 애써 따로 기억해야 하는 부담으로 느껴지기 때문입니다. "세 묶음 하고도 (툴툴거리며) 나머지가 두 개 더 있어"보다는 "딱 네 묶음 있네"가 훨씬 산뜻하지요?

물론 집단을 나누는 기준은 완전히 자의적이며 주관적인 선택의 문제입니다. 인간의 손가락이 우연찮게 다섯 개 달렸다는 사실 말고는 숫자 다섯이 유난히 특별해야 할 이유는 없습니다. 실제로 인류가 사용해온 묶음의 크기는 역사적으로 다양했습니다. 여러 언어 속 수 표현에는 지금도 그 흔적이 남아 있지요.

열둘을 나타내는 영어의 '더즌dozen'과 독일어의 '츠볼프zwolf'로부터 열두 개를 한 묶음으로 보던 관행을 엿볼 수 있습니다. 1피트는 12인치로 나뉘고, 연필이 12개 단위로 판매되는 것도 그러한 관행의 흔적입니다.

또한 스무 개를 한 묶음으로 보던 고대의 풍습은 프랑스어의 '뱅vingt'과 영어의 '스코어score'에 남아 있습니다.

호기심이 많고 금세 질려한다는 것 말고도(덕분에 예술, 과학, 기술이 발달했지요) 인간을 설명하는 가장 대표적인 특징은 바로 게으름입니다. 탤리 마크를 수십 개씩 그리기가 너무 귀찮았던 우리 선조들은 결국 새로운 방법을 찾아냈습니다. 바로 '축약'입니다. 사실 언어의 발전은 항상 이런 식으로 일어납니다. 같은 말을 계속해서 하고 또 하다 보면 짜증이 치밀어 올라서 차라리 짧은 단어를 하나 더 만들어내고 마는 겁니다. 이런 현상은 말하기와 쓰기 모두에서 나타났습니다.

때는 고대 그리스, 여러분이 목장의 양치기라고 상상해봅시다. 당신은 밤새 늑대에게 잡아먹힌 양이 몇 마리인지를 주인에게 알려주기 위해 나름의 방법을, 말하자면 일종의 언어를 고안해냈습니다. 양손에 막대를 하나씩 들고 잡아먹힌 양 한 마리당 막대를 한 번씩 부딪쳐서 소리를 내기로 한 겁니다. 그런데 길게 늘어놓은 탤리 마크를 알아보기가 힘들었던 것처럼 길게 이어지는 똑같은 소리를 정확히 알아듣기는 쉽지 않습니다. 따라서 원래 것보다 조금 더 둔탁한 소리를 하나 더 만들어내고, 둔탁한 소리 한 번이 잃어버린 양 다섯 마리를 뜻하도록 했습니다. 𝍸𝍸𝍸II 와 마찬가지로 쿵-쿵-쿵-탁-탁이 시간도 정력도 아껴줍니다.

더 나아가 매번 획을 다섯 개씩 그리기가 힘들면 좀 더 간단한 표시를 새로 만들어낼 수도 있습니다. 예컨대 𝍸 대신 그냥 짧은 가로줄 −을 쓰는 겁니다. 그러면 위의 수는 −−−II , 심지어 ≡II로 표기할 수도 있습니다. 이런 게 바로 우리 인간이 하는 행동입니다. 지루한 건 절대 못 참는 고약한 성미 때문에 지능과 창의력을 써서 어떻게든 일을 줄이려고 합니다. 우리 모두의 마음속에 톰 소여가 살고 있는 걸까요? 필요가 발명의 어머니라면, 발명의 아버지는 바로 지루함일 것입니다.

묶고 또 묶다

수 정보를 손짓, 단어, 문자 중 그 어떤 언어로 전달하든 모든 언어는 자연스럽게 반복과 묶음, 그리고 축약 기법을 사용합니다. 다만 묶음의 크기는 어느 정도가 가장 편리한지, 묶음과 나머지를 어떻게 표현할 것인지 등을 선택하는 건 해당 언어 사용자의 몫으로 남겨집니다.

그렇다면 묶음의 크기는 어떻게 결정될까요? 어떤 묶음이 좋은지를 결정하는 요소는 무엇일까요? 물론 이건 세고자 하는 대상이 무엇인지, 해당 정보를 누구에게 전달하려고 하는지, 그리고 무엇보다도 숫자가 어디까지 커질 것인지에 따라 다릅니다.

세려는 대상이 몇 개 안 될 때, 예컨대 그동안 모은 마블 피규어가 몇 개인지를 셀 때는 여러 묶음으로 나누든 말든, 한 묶음의 크기가 얼마큼이든 별 상관이 없습니다. 반면에 다루려는 수가 아주 크다면 적절한 묶음의 크기를 신중하게 선택해야 합니다.

크기가 너무 작으면, 예컨대 두 개나 세 개를 한 묶음으로 하면 집단화의 목적 자체를 달성하지 못하는 사태가 벌어집니다. 숫자가 커지다 보면 어느 순간 묶음의 개수 자체도 너무 많아지기 때문입니다. 그러면 결국 묶음의 개수가 몇 개인지 한눈에 알아볼 수 없어질 겁니다. 여기서 우리는 '한 단계 높은' 인식의 문제에 직면하게 됩니다. 다음 그림 가운데 어느 것이 더 큰 수일까요?

당연히 다음으로 해야 할 일은 묶음을 보다 큰 단위로 다시 묶는 것입니다. 우리는 또 하나의 흥미로운 선택의 기로에 놓였습니다. 울타리 하나는 다섯 개의 개체를 하나로 묶은 것이었지요. 즉, 우리는 다섯을 묶음의 크기로 정했습니다. 그런데 이제는 울타리 자체가 하나의 개체가 되었고 앞서와 같은 인식과 비교의 문제가 나타났으므로 울타리들을 다시 묶어야 합니다. 과연 어떤 크기가 적당할까요? 똑같이 다섯 개가 좋을까요, 아니면 더 나은 선택지가 있을까요?

우선 울타리를 네 개씩 묶어봅시다(참고로 이건 꽤나 자연스러운 선택입니다. 울타리 하나가 손가락 개수에 맞추어 다섯 개로 정해졌다면, 손과 발은 합쳐서 전부 네 개이니까요). 그리고 울타리 네 개짜리 한 묶음을 뜻하는 축약형으로는 네모 모양, 즉 □ 정도가 적당할 듯합니다. 각각의 모서리를 울타리 하나로 볼 수 있겠지요. 이렇게 하면 어느 정도 큰 수라도 □□□𝍸𝍸|| 와 같이 쉽게 표현할 수 있습니다.

그런데 이처럼 반복에 의존하는 표현 체계에서는 숫자가 커질수록 계속해서 새로운 단어와 상징이 필요해집니다. 주어진 수를 제대로 인식하지 못하게 되는 지점, 즉 새로운 '인식의 장벽'에 맞닥뜨릴 때마다 우리는 다시 묶음의 크기를 정하고 새로운 축약형을 만들어내야 합니다. 이 문제를 해결하기 위해 인류는 수많은 독창적인 수 체계를 발전시켜 왔습니다. 아주 간단명료한 체계가 있는가 하면 다소 난해하고 골치 아픈 것들도 있지요. 지금부터는 내가 좋아하는 몇몇 수 체계를 여러분에게 소개해보려고 합니다. 인류가 숫자를 얼마나 다양한 방식으로 다루어왔는지 함께 살펴봅시다.

반복되는 수와 묶음을 표현하는 자신만의 수 체계를 설계해볼 수 있는가?

4장

세 부족: 숫자도 통역이 필요해

바나나 바-나-나-나 개 주세요

지금 여러분이 선사시대 그러니까 약 3만 년 전의 나일 강 유역에 살고 있다고 상상해보세요. (이로써 역사적 오류 가능성은 피하면서도 상상의 나래를 마음껏 펼칠 수 있게 되었군요.) 원시의 세 부족이 서로 교류하며 살고 있습니다. 각각의 부족은 저마다의 독창적인 수 언어를 사용하며 기준이 되는 묶음의 크기도 서로 다릅니다.

먼저 '손 부족Hand People'이 있습니다. 이들은 전통적으로 손 하나, 즉 손가락 다섯 개를 묶음의 기준으로 써왔습니다. 탤리 마크의 울타리 체계와 똑같지요. 손 부족에는 아직 언어가 발달하지 못했기 때문에 손동작을 통해 숫자 정보를 전달합니다. 하나는 손뼉을 한 번 치고, 둘은 두 번 치는 식입니다. 그런데 손뼉 다섯 번은 네 번과 헷갈리기 때문에 대신 주먹을 쥐고 가슴을 쿵 치는 것으로 표현합니다. 따라서 숫자 일곱은 쿵-짝-짝이 되겠지요? 손 부족에게는 아직 의사소통을 위한 말이나 글이 없습니다.

손 부족의 언어로 스물을 표현해보자.

두 번째로 '바나나 부족'이 있습니다. 바나나 부족은 수를 말로 표현하는데 하나는 '나'이고, 둘은 '나-나', 셋은 '나-나-나'입니다. 한 묶음의 크기는 넷이며, '바'라고 표현합니다. 그러므로 바나나어로 일곱은 '바-나-나-나'입니다.

바나나 부족이 이웃의 손 부족에게 어떤 수 정보를 전달하고자 한다면 통역이 필요할 겁니다. 일부러 공부를 하든 혹은 자주 접하면서 자연스럽게 습득을 하든, 두 부족의 수 체계에 상당히 능통해진 상인이 등장하였을 테고, 이들은 가슴을 한 번 쿵 치는 것이 '바-나'와 같다는 사실을 거의 무의식적으로 인식할 정도가 되었을 것입니다.

바나나어로 열둘을 세어보자.

세 번째 부족은 '나무 부족'입니다. 나무 부족은 수를 손짓이나 말이 아닌 나무껍질에 새긴 문자로 전달합니다. 이들은 일곱을 한 묶음으로 인식하며 하나부터 여섯까지의 수는 다음처럼 표현합니다.

음, 마지막 두 그림은 굉장히 헷갈리네요. 저의 여섯 인식 능력이 얼마나 형편없는지 여러분도 아시죠? 그런데 나무 부족 사람들은 그 정도까지는 충분히 인식할 수 있다고 합니다.

그렇더라도 이런 표기법이 끝없이 이어질 수는 없으므로 자연스럽게 나무 부족은 일곱 개짜리 한 묶음을 ↑처럼 나무 모양으로 표시하게 되었습니다. 그들은 일곱을 완전한 수로서 아주 특별하고 신성하게 여깁니다. 나무 부족 역시 다른 부족과 수치 정보를(혹은 바나나를) 교환하고자 한다면 세 부족의 수 체계를 원활하게 통역할 수 있어야 함은 물론입니다.

산수도 통역이 되나요?

내가 이렇게 전혀 현실적이지 못한 가상의 이야기를 만들어낸 건 말하고자 하는 바가 있기 때문입니다. 숫자 정보를 필요에 따라 알맞게 재배열하는 것, 무엇보다도 서로 다른 묶음 체계 사이에서 통역을 하는 것이 바로 산수의 영혼이자 정수라는 점입니다.

세 부족에게는 저마다의 문화적 표준과 요구사항이 있으며 묶음의 크기도 예외는 아닙니다. 모든 것을 넷으로 나누는 세상에서 자란 사람이라면 넷이라는 숫자를 맹목적이고 감정적이리만큼 중시합니다. 어린 시절 기억할 수 있는 첫 순간부터 "나, 나-나, 나-나-나, 바, 바-나, 바-나-나, 바-나-나-나, 바-바"를 듣고 자라다 보면 그 리듬은 혈액 속으로 완전히 스며들어, 바-바를 대단히 순수하고 완전하며 이해하기 쉬운 수라고 느끼게 됩니다. 반면 바-바-나-나와 같은 수는 일종의 불쾌한 일탈로 여겨지지요.

이런 감정은 우리가 열둘이라는 수에 대해 느끼는 감정과 정확히 일치합니다. 실제로 영어에서 열둘을 의미하는 'twelve'는 '나머지 두 개two left'를 뜻하는 고대 게르만어에서 기원했다고 합니다. 그런데 이건 열둘이라는 수 자체에 본질적으로 존재하는 어떤 특성 때문이 아니며, 단지 우리가 십을 기준으로 세상을 나누는 데 익숙하기 때문입니다. 숫자의 명칭이 십을 기준으로 지어진 것도 바로 이 때문입니다. 예를 들어, '마흔여섯'에는 사실 '묶음 네 개와 나머지 여섯 개'라는 의미가 숨어 있습니다.

제 입장에서는 조금 안타까운 일입니다. 숫자의 속성, 산수, 수의 역사 등에 대해 이야기를 나누고자 하는데, 쓰이는 말 자체가 이미 십이라는 숫자에 크게 편향되어 있으니까요. 이것을 관점의 문제라고 합니다. 말하자면 지금 우리는 투시도법의 원리를 설명하기 위해 투시화를 그리고 있는 셈입니다!

그러니 이 책을 읽는 동안만큼은 특정한 수 체계가 더 우월하다는 생각은 최대한 배제하고 '문화상대적'인 입장을 갖도록 노력해주세요. 무엇보다도 모든 것을 익숙한 대로, 십진법에 맞게 바꾸려는 유혹에 빠지지 않도록 노력해야 합니다. 여러분이 세 부족의 수 체계를 실제 원주민처럼 쓸 수 있게 되는지 한번 두고 보겠습니다.

이제 세 부족 간에 간단한 교역을 하는 상황을 상정해봅시다. 손 부족과 바나나 부족이 서로 손도끼와 바나나를 교환하기로 했습니다. 손 부족 사람은 손도끼 하나가 바나나 쿵-쿵-짝-짝-짝 개만큼의 가치를 가진다고 생각합니다. 손 부족 언어에 능통한 바나나 부족 상인은 이렇게 생각할 겁니다. “쿵은 바-나다. 그러므로 쿵-쿵-짝-짝-짝은 바-나, 바-나, 나-나-나로군. 나가 다섯 개면 바-나이니까 결국 저 손 부족 사람은 바나나 바-바-바-나 개를 원하는 거로군.”

그런데 사실 두 숫자에 정말로 유창한 상인이라면 이런 사고과정을 거칠 필요조차 없었을 겁니다. 많은 경험을 통해 숫자를 배우다 보면 몇 가지 특별한 숫자들에 아주 익숙해지기 마련이거든요. 그는 아마 쿵-쿵-짝-짝이 바나나 부족에게 아주 특별한 숫자 바-바-바와 같다는 사실 자체를 알고 있었을 테니, 쿵-쿵-짝-짝-짝을 해석하는 건 그리 어려운 일이 아니었을 겁니다. 우리가 서른하나를 기준 숫자인 서른보다 하나 더 많은 수라고 인식하는 것과 똑같아요.

좋은 숫자는 대체물이 필요하다

모든 수 체계에는 저마다 ‘좋은’ 수들이 있습니다. 부르기 쉬운 자기만의 이름을 가진 수를 의미합니다. 그러면 특정한 수 체계에서 고유한 이름을 붙여줄 정도로 중요하게 여기는 숫자란 과연 어떤 것일까요? 무엇보다도 묶음의 기준이 되는 수에는 항상 자신만의(대부분 짧은) 이름이 붙습니다.

따라서 서로 다른 두 수 체계 간에 통역을 할 때에는 기준점을 몇 개 세워놓으면 도움이 됩니다. 예를 들어, 여러분이 손 부족과 바나나 부족 사이의 통역사라면 쿵은 바-나이고, 바-바는 쿵-짝-짝-짝이며, 바-바-바는 쿵-쿵-짝-짝이라는 것 정도는 기억하는 편이 좋습니다.

두 언어 모두에게 '좋은' 숫자라는 과연 존재할까?

그런데 통역에 별로 능숙하지 못한 사람이 정확히 통역할 수 있는 방법은 없을까요? 인간이기 때문에 우리는 기발한 방법을 고안해낼 수 있습니다. 무엇보다도 여러 가지 대체물을 사용할 수 있지요. 우선 가장 단순한 형태인 돌멩이부터 살펴봅시다.

자신이 수습 통역사라고 가정해보세요. 손 부족은 앞서 언급한 대로 교환가격을 손도끼 하나당 바나나 쿵-쿵-짝-짝-짝 개로 제안했습니다. (제가 여러분과 같은 공간에서 이 소리를 함께 들어볼 수 있다면 얼마나 좋을까요? 제가 쓸 때마다 여러분도 직접 소리를 내주실래요? 아마 머리에 더 쏙쏙 들어올 겁니다. 그리고 일단 재밌잖아요!)

우리는 아직 능숙하지 못하기 때문에 다음과 같이 들은 그대로 돌멩이를 나열합니다.

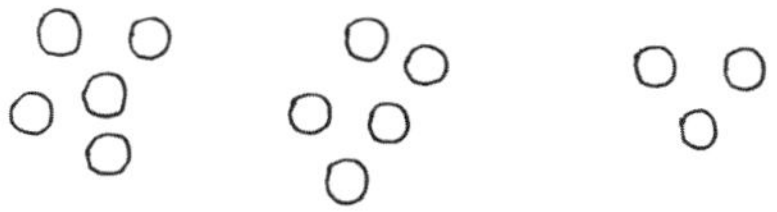

이제 쿵은 돌멩이 다섯 개로, 짝은 한 개로 시각화되었습니다. 더 깔끔하게 정리하고 싶다면 다음과 같이 줄을 세워볼 수도 있습니다.

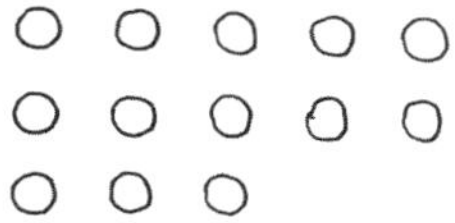

여기에서는 각각의 행이 한 묶음, 즉 '쿵'을 나타내고, 마지막 미완성된 행은 나머지 세 개를 의미합니다.

이렇게 하여 우리에게는 눈으로 직접 보고 만질 수도 있는 숫자의 대체물이 생겼습니다. 지금 우리는 원시의 뇌를 가진 원시인들이니 무엇이든 눈으로 직접 보고 만질 수 있으면 무조건 더 좋겠지요! 아직 두뇌가 덜 발달한 아기들이 빙글빙글 돌아가는 손잡이와 여닫을 수 있는 문과 거울이 달린 장난감을 좋아하는 것과 비슷한 이치입니다. 사실 비슷한 어른용 장난감도 있답니다.

'돌멩이 계산법'은 별것 아닌 듯 보여도 실은 굉장히 유용한 계산 도구입니다. 그저 돌멩이를 살짝 옮기는 것만으로 다양한 묶음 체계를 표현할 수 있기 때문입니다. 예를 들어, 손 부족과 바나나 부족의 통역사라면 돌멩이를 다음처럼 몇 개 옮겨서 패턴을 바꿀 수 있습니다.

이제 '바'가 몇 묶음이나 있는지 눈으로 쉽게 확인할 수 있고 나머지가 하나라는 사실도 알 수 있습니다. (더 예술적으로 하려면 이전 그림 두 번째 행의 마지막 돌멩이 하나만 세 번째 줄로 옮겨도 됩니다.) 이제 다른 부족민들에게 손도끼 하나의 가격이 바나나 바-바-바-나 개라고 자신 있게 말할 수 있겠군요.

산수란 바로 이런 것!

돌멩이는 인류 최초의 계산기입니다. 아무런 지식이나 기술 없이도 돌멩이를 늘어놓을 능력만 있으면 누구나 쓸 수 있습니다. 단점이라면 평소에도 돌멩이를 잔뜩 가지고 다녀야 한다는 점이 있겠네요.

또 다른 예를 들어봅시다. 이번에는 나무 부족 사람들이 손도끼를 사고 싶어 합니다. 나무 부족의 특산물은 무늬를 새긴 나무구슬인데, 손도끼 하나당 구슬 ↑↑↑V개를 지불할 의사가 있습니다. 당신은 아직 미숙한 통역사라서 돌멩이 계산기를 쓰기로 했습니다.

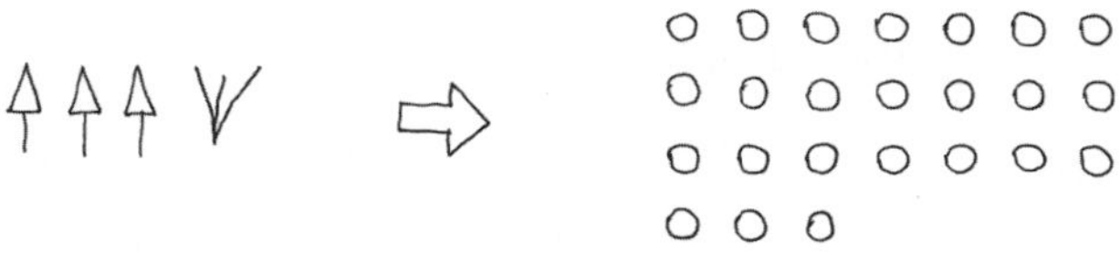

위의 돌멩이를 한 행당 다섯 개씩으로 바꾸어 나열하면(아무렇게나 해도 되고, 예술적이고 효율적인 방법을 찾아봐도 됩니다.) 다음과 같은 결과가 나옵니다.

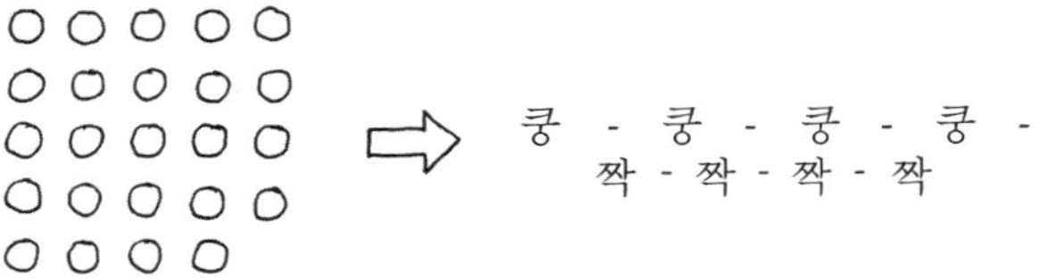

산수란 바로 이런 것입니다. 특정한 형태로 제시된 수치 정보를 다른 형태로 재배열하는 과정 말입니다. 그러니 지금까지 잘 따라오고 계시다면 걱정하지 마세요. 이보다 더 복잡해질 일은 없으니까요. 앞으로도 이 책과 함께할 여러분의 여정은 그리 험난하지 않을 것입니다. 물론 아주 능숙해지는 건 또 다른 문제이지만, 그건 전적으로 여러분의 관심과 노력에 달려 있습니다.

그런데 여러분 혹시 숫자가 커질수록 세 부족의 숫자 표현 또한 점점 길어진다는 사실을 눈치 채셨나요? 사실 앞에 제시된 수 정도가 손 부족의 언어로 표현할 수 있는 한계일 것입니다. 물론 쿵-쿵-쿵-쿵-쿵-쿵-쿵-쿵 같은 수도 있을 수는 있겠죠. 하지만 그러면 우리는 다시 인식의 문제에 마주치고 맙니다. 애초에 우리가 수를 묶고 이름을 붙였던 것도 바로 그 때문이었지요. 따라서 가장 자연스러운 해법은 '묶음의 묶음'을 만드는 겁니다.

먼저 바나나 부족을 살펴보겠습니다. 그사이 몇 세기가 흘러 바나나 부족은 손도끼를 사용하게 되었고, 나무 부족처럼 문자로 기록하는 방식도 받아들였습니다.

또한 바나나 문명이 완전히 꽃을 피우면서 교역의 규모도 훨씬 커지고, 사용되는 숫자의 크기도 커졌습니다. 물론 '넷'이 가장 특별하고 아름다운 수라는 관념은 그대로 남아 있습니다.

바나나 부족의 새로운 문자 체계는 다음과 같습니다. 하나를 나타낼 때는 바나나를 뜻하는 짧은 곡선 \을 긋습니다. 바나나 네 개짜리 한 묶음은 모서리가 네 개인 네모로 표현합니다. 예를 들어, 십은 □□\\와 같이 쓰고, "바-바-나-나"라고 읽습니다.

역사의 흐름에 따라 필요한 '바'의 수는 점점 늘어날 테니 자연스럽게 '바'의 묶음도 필요해질 겁니다. 그런데 묶음의 묶음은 어떤 수를 기준으로 해야 할까요?

그걸 왜 고민하고 있냐고요? 애초에 넷을 기준으로 삼았으니 이번에도 똑같이 하면 된다고요? 물론입니다. 처음에는 묶음의 기준이 넷이었는데, 묶음의 묶음은 여섯을 기준으로 한다? 그거 완전 미친 짓 아닌가요?

그런데 놀랍게도 이런 일은 자주 일어납니다. 예를 들어 1피트는 12인치인데, 1야드는 3피트입니다. 옛 영국 화폐의 경우에도 1실링은 12펜스이고, 1파운드는 20실링이었습니다. 이처럼 단위마다 묶음의 기준이 달라지는 수 체계는 옛날부터 존재해왔고 지금도 여전히 존재합니다. 고대 바빌로니아 왕국에서도 십의 묶음을 육십이라는 큰 묶음으로 다시 묶었다고 합니다. 즉, 십의 묶음 여섯 개가 모여 묶음의 묶음을 이룬 겁니다. 그렇다고 하더라도 묶음 크기는 일정하게 유지하는 편이 가장 간명해 보입니다.

예쁘게 배열해보자

바나나 부족 역시 일관성을 유지하기 위해 묶음의 묶음 크기를 넷으로 정했다고 합니다. 이 수(즉, 바-바-바-바)를 '라'라고 부르며, 田로 표기합니다. 묶음의 묶음을 표현하기에 정말 적당한 문자이지요?

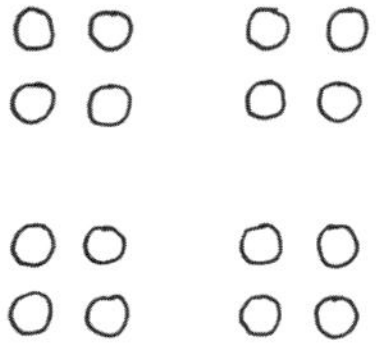

이제 더 큰 숫자도 쉽게 표현하고 비교할 수 있습니다. 예를 들어, 나무어의 ↟↟↟를 바나나어로는 田□\(라-바-나)라고 씁니다.

↟↟↟↟를 바나나어로는 어떻게 쓰고 말할까?

세 부족의 수 언어는 일명 '가치 표기 체계marked-value system'의 전형적인 사례입니다. 가치 표기 체계란 각 단어나 기호에 고정된 의미가 주어지는 표현 체계를 의미합니다. 따라서 ↟이나 田이라는 표기는 어디에서 쓰이든 늘 같은 수를 의미합니다. 또한 가치 표현 체계에서는 기호의 순서가 중요하지 않습니다. 주머니 속 동전을 아무리 흔들어 섞어도 그 가치에는 변함이 없듯이 다음 그림은 모두 정확히 같은 수를 뜻합니다.

이건 아주 편리한 특징으로, 이런 수 체계는 특히 조작하기가 쉽습니다. 우선 가치 표기 체계(대표적으로 돈)는 아주 견고합니다. 여러분이 이 페이지에 있는 모든 기호를 아무렇게나 뒤섞어도(또는 돼지저금통에 있는 동전을 아무리 흔들어 섞어도) 그 안에 포함된 정보에는 전혀 영향을 주지 못합니다. 물론 표현되는 형태는 변할 수 있으니 정돈된 형태를 유지하고 싶다면 조금 주의를 기울여야 합니다.

숫자든 돈이든 잘 정돈하면 비교하기가 수월해집니다. 그러므로 보통은 액면가가 가장 큰 것부터 작은 것 순서대로 차례차례 표현합니다. 다시 말해, 가치 표기 체계에서는 기호를 어떤 순서로 표기하든 아무 상관이 없겠지만, 중요한 순서대로 표기하면 더 좋습니다. 큰 그림이 쉽게 눈에 들어오기 때문입니다. 말하자면, 백 원과 만 원에 똑같은 의미를 부여하기보다는 "나 지금 오만 얼마쯤 있어"라고 말하는 편이 더 실용적이라는 말입니다.

돌멩이를 테이블 위에 어떻게 배열하든 나타내는 숫자가 달라지는 건 아니지만, 어떤 배열은 정보를 전달하는 데 더욱 유리합니다. 예컨대

田□□\\\ 와 \\田□\□가 의미하는 숫자는 완벽하게 일치하지만, 전자에서는 '라보다 약간 큰 수'라는 메시지가 한눈에 들어오는 반면에 후자에서는 '라'가 바나나 더미 속에 숨어버립니다.

숫자와 놀다가 무릎을 탁 치고 갑니다

우리가 숫자를 큰 수부터 작은 수 순으로 표현하는 것도 같은 이유에서입니다. 물론 문화에 따라 쓰는 방향은 왼쪽에서 오른쪽이 될 수도 있고 그 반대일 수도 있습니다. 어쨌든 산수의 목적은 비교에 있고, 숫자를 크기 순으로 표현하는 방식은 비교에 가장 적합합니다.

또한 비교를 위해서는 널브러진 양말과 속옷처럼 늘어진 형태보다는 묶음으로 간단하게 꾸려진 숫자가 좋습니다. 다음 그림에서 알 수 있듯이 잘 꾸려진 숫자와 그렇지 못한 수를 비교하기란 상당히 어렵습니다.

田田□\\　　　□□□□□
□□□□□

후자의 경우 '라'가 명시적으로 표현되지 않았기 때문에 더 작은 수라고 착각하기 쉽지만 실제로는 전자보다 큽니다. 이처럼 아무리 분명하고 확실한 의미를 내포하고 있더라도 후자와 같은 표현은 비교에 다소 적합하지 않습니다.

반면 다음 그림과 같이 두 수를 모두 묶음으로 잘 꾸리고 크기에 따라 나열하면 문제는 더할 나위 없이 단순해집니다.

여기서는 전자가 더 크다는 사실이 분명히 드러납니다. '라'의 수는 똑같은데 '바'가 전자에 더 많기 때문입니다. 이런 식으로 정리하고 비교하는 방식을 사전식 배열이라고 합니다. 사전의 구성 순서와 본질적으로 유사하다는 점에서 이런 이름이 붙었습니다. 먼저 가장 큰 묶음의 수를 비교해서 더 많은 것이 있으면 그 수가 더 큰 수입니다. 만약 똑같다면 그다음으로 큰 묶음의 수를 비교하고, 결론이 날 때까지 이 과정을 반복합니다.

따라서 비교를 위해서라면 이렇게 순서대로 정리된 숫자가 좋습니다. 하지만 때로는 묶지도 않고 정돈하지 않은 채 그대로 두는 편이 더 편리한 경우도 있습니다. 말하자면 우리는 원하는 대로 뭐든 다 할 수 있습니다. 좀 비효율적인 방식을 택했다거나 한 번 했던 일을 다시 반복해야 한다고 해도 상관없습니다. 밑져야 본전이니까요. 산수라는 건 결국 숫자와 함께 즐거운 시간을 보내고, 그 와중에 신기한 사실도 몇 가지 배우고, 또 아주 가끔은 기발한 아이디어에 무릎을 탁 치는 모든 과정을 의미합니다.

당신은 바나나 부족 사람이다. 바나나 라-라-라 개를 가지고 손도끼와 나무구슬을 사려고 하는데, 손도끼 하나의 가격은 바나나 쿵-쿵-짝-짝-짝 개이며, 바나나 하나는 나무구슬 두 개와 가치가 같다고 한다. 손도끼를 세 개 사고 나서 바나나 하나를 점심으로 먹었다면 이제 몇 개의 구슬을 살 수 있겠는가? 나무 부족의 표기법으로 표현해보라.

A R I T H M E T I C

2부

옛사람들은 숫자로 무엇을 했을까?

5장

이집트: 돌멩이에서 동전으로

어쩌다 십으로 묶었을까?

실존했던 가치 표기 체계 가운데 가장 단순하고 오래된 것으로 기원전 3000년경 고대 이집트의 숫자를 들 수 있습니다. 이집트 숫자는 역사상 실존했다는 점만 빼면 앞서 논의한 가상의 수 체계와 본질적으로 다를 바가 없습니다. 또한 인류가 사용해온 대부분의 수 체계와 마찬가지로 묶음의 크기는 십입니다.

인류가 묶음의 크기를 십으로 정한 이유는 그 자체에 수학적 혹은 미적으로 본질적인 가치가 있기 때문이 아닙니다. 단지 인간의 손가락이 어쩌다 보니 열 개로 진화했기 때문입니다. 실제로도 십이 유독 매력적인 숫자라고 보기는 어렵습니다. 십이는 십보다 더 잘 나누어 떨어지고, 팔은 십보다 작으면서도 반으로 여러 번 나눌 수 있습니다. 십은 순전히 문화적 선택의 결과이며, 개인적으로는 너무 크다고 봅니다.

무엇보다도 십은 인간의 인식 능력을 훨씬 넘어서는 큰 수입니다. 따라서 편리한 가치 표시 체계를 설계하기 위해 이집트인들은 먼저 인식의 문제를 해결해야 했습니다.

이집트인들 역시 하나는 한 획, 즉 \으로 표현했습니다. 그런데 획 다섯 개를 울타리 모양으로 묶었던 탤리 마크와는 달리 이집트인들은 '쌓아 올리기' 기법을 썼습니다. 숫자 팔은 𝍸||||이 아니라 ||||과 같이 표현했지요. 이들은 되도록이면 한 줄에 네 개 이상의 획을 쓰지 않으려고 했습니다. 일부터 팔까지의 수를 고대 이집트 식으로 표현하면 다음과 같은 형태가 됩니다.

일 이 삼 사 오 육 칠 팔

이렇게 하면 주어진 수가 홀수인지 짝수인지도 쉽게 알아볼 수 있습니다. 위아래 줄의 너비가 같은지 다른지만 보면 되니까요. 이제 다음 숫자인 구를 어떻게든 표현해야 할 텐데, 윗줄에 획을 하나 더 그으면 다섯 개가 되어 알아보기가 힘들어집니다. 그래서 이집트인들은 다음과 같이 세 개씩 세 줄을 그리기로 합니다.

구

이렇게 획을 쌓아 올리니 숫자가 한눈에 들어옵니다. 주사위 패턴처럼 아주 단순해서 배우기도 쉽고 이해하기도 쉽군요. 또한 표기상 어느 정도 융통성을 발휘할 수도 있습니다. 실제로 이집트인들은 획 두 개씩 두 줄을 쌓아 넷을 표현하기도 했다고 합니다.

여기서도 묶음의 크기는 십이므로 십을 뜻하는 특별한 기호가 필요했습니다. 이집트인들은 발뒤꿈치 모양을 형상화한 ∩를 택했습니다. 확실하진 않지만 땅의 크기를 측정할 때 열 걸음마다 한 번씩 뒤꿈치를 내리찍어 표시하던 풍습에 따른 것으로 여겨집니다.

묶음 여러 개를 표현할 때도 똑같이 쌓아 올리기 기법을 썼습니다. 예를 들어, 숫자 사십오는 ∩∩∩∩ |||||과 같이 씁니다. 물론 문자를 오른쪽에서 왼쪽으로 쓰는 문화권에 속한다면 ||||| ∩∩∩∩처럼 반대로 써도 전혀 상관없습니다. 이집트인들은 두 방식을 모두 썼다고 합니다.

문명이 발달함에 따라 비축할 곡식, 세금, 군대의 규모 역시 커지게 마련이므로 표현해야 할 숫자 역시 점점 커집니다. 이에 따라 이집트에도 묶음의 묶음, 그리고 그 이상의 수들을 표현할 기호의 필요성이 대두되었습니다.

계산용 동전을 발명하다

이집트인들은 묶음의 묶음(즉 숫자 백)을 나타내기 위해 𓍢를 사용했습니다. 꼬인 밧줄을 형상화한 것으로 보입니다. 그리고 𓍢이 다시 열 개 모이면(숫자 천) 𓆼과 같은 연꽃 형상으로 표현했습니다.

바나나 부족은 이집트인들에게 정복당하여 이집트 숫자를 배워야 합니다.

아래의 수는 어떻게 바꾸어야 할까요?

⊞□□\, ⊞⊞□\\\, ⊞⊞⊞□□\\ ?

이집트인들이 일구어낸 또 하나의 혁명은 돌멩이를 계산용 동전으로 바꾼 것입니다. 아이디어는 간단했습니다. 나무나 도자기 조각으로 만든 동전에 숫자를 새겨 넣어 가치를 표상하도록 한 것입니다. 물론 이 동전은 특정한 가치를 상징할 뿐 실제로는 아무 가치가 없었습니다. 계산용 동전은 돌멩이 계산법보다 한 단계 높은 수준의 추상화를 이룩했다고 볼 수 있습니다. 돌멩이가 세고자 하는 대상에 대한 추상적 표현이었듯이, ∩라고 표기된 동전은 돌멩이 열 개에 대한 추상적 표현이기 때문입니다.

우리에게 계산용 동전이 한 주머니에 가득 있다고 상상해봅시다. 동전에는 저마다 ǀ, ∩, 𓍢, 𓆼와 같은 다양한 상징이 새겨져 있습니다. 동전을 테이블에 쏟아 놓고 종류별로 나눈 뒤 원하는 대로 줄을 맞추어 정렬해둡니다. 이제 이 동전은 단순하면서도 편리한 일종의 계산기가 되었습니다. 직접 만지고 조작할 수 있는 매개체를 통해 숫자를 표현한다는 점에서 일종의 주판이라고도 할 수 있지요. 돌멩이처럼 쉽게 묶고 배열할 수도 있으므로 계산 속도를 상당히 높여줍니다. 그리고 마지막에 계산 결과만 써주면 됩니다.

자기만의 이집트 동전을 만들어보자.

단순한 계산이라면 기구 자체가 필요 없습니다. 필요한 정보를 기억한 채로 머릿속에서 기호를 이리저리 옮겨보며 계산할 수 있으니까요. 하지만 여기에는 상당한 기억력이 필요한 데다가 많은 경우 정신적 고통과 짜증을 안겨줄 수도 있습니다. 물론 암산을 정말로 즐기고, 심지어 주판 등 기구를 이용한 계산을 일종의 편법이나 기품 없는 행위로 치부하는 사람들도 있습니다. 상관없습니다. 만약 머릿속에 저장된 다양한 정보를 이리저리 조작하는 활동이 재미있다면, 그렇게 하세요. 또한 어떤 도구든 써서 계산하는 것이 더 좋다면 그렇게 하시고요. 두 가지 방식 모두에는 나름대로의 재미와 즐거움, 그리고 놀라움이 숨어 있습니다.

어쨌든 이집트의 계산용 동전은 단순함 그 자체입니다. 다음처럼 숫자 기호를 숫자 기호가 그려진 동전으로 대체한 것에 불과합니다.

만일 동전 하나가 사라진다면?

이제 우리는 숫자를 손으로 직접 빼고, 더하고, 나눌 수 있습니다.

당신이 기원전 1850년 이집트 왕국의 서기라고 상상해보세요. 파라오께서 정확한 곡물 비축량을 궁금해 하십니다. 현재 왕국에는 세 개의 곡물 창고가 있으며, 부셸bushel(무게의 단위로 약 27킬로그램) 단위로 다음과 같은 양을 각각 저장하고 있습니다.

테베 창고: 𓆼𓆼 𓍢𓍢𓍢𓍢 𓎆𓎆𓎆 𓏺𓏺

기자 창고: 𓆼 𓎆𓎆𓎆𓎆 𓏺𓏺𓏺

아스완 창고: 𓍢𓍢𓍢 𓏺𓏺𓏺

총 비축량은 얼마일까요?

암산에 그리 능숙하지 않은 데다 계산 실수를 해서 파라오의 노여움을 살 것이 두려웠던 당신은 계산의 방에 들어가 동전이 가득 들어 있는 주머니를 꺼냅니다. 그리고 주어진 수대로 신중하게 동전을 늘어놓습니다.

전체의 합을 구하려면 늘어놓은 동전을 전부 모으기만 하면 됩니다.

이처럼 가치가 표기된 계산기에는 유연성flexibility이라는 큰 장점이 있습니다. 동전을 아무렇게나 뒤섞어서 다시 나열하더라도 표상하는 가치는 변하지 않습니다. (앞으로, 다루기는 훨씬 까다롭지만 그만큼 장점도 많은, 좀 더 발달된 형태의 다양한 계산기들도 살펴보겠습니다.)

자, 계산은 이미 끝났습니다! 전체 비축량은 테이블에 펼쳐놓은 동전의 가치 바로 그대로입니다. 그러나 이 시스템에는 문제점도 몇 가지 있습니다.

첫째, 동전을 한 무더기씩 들고 다니기가 상당히 불편합니다. 게다가 자기도 모르는 사이 동전 몇 개를 떨어뜨릴 수도 있을 텐데, 특히나 연꽃 동전을 잃어버렸다가는 결과가 아주 참담할 겁니다. 그런 점에서는 휴대성이 좋은 문자 표현이 더 나을 것 같습니다.

둘째, (언젠가는 거쳐야 할 단계인) 비교를 위해서라면, 숫자는 밧줄 동전 𓍢 열여덟 개를 쭉 늘어놓는 것보다는 간단한 묶음으로 잘 정돈되어야 좋습니다.

상황과 목적에 따라 다르게

그러므로 다음으로는 가능한 한 단출해질 때까지 동전을 큰 단위로 교환해야 합니다. 같은 동전, 예컨대 발꿈치 동전 ∩이 열 개 있다면 밧줄 동전 𓍢 하나로 바꿉니다. 물론 𓍢 자체가 열 개의 ∩를 뜻하므로 교환 과정을 거쳐도 실제 수는 전혀 변하지 않습니다. 하지만 교환을 통해 표현되는 형태는 변하는데, 사실 이것이 바로 교환의 목적입니다. 모든 수는 다양한 형태로 표현될 수 있으며 우리는 가능한 한 가장 유용하고 편리한 형태를 선택하고자 합니다. 때로는 있는 그대로 그냥 두어도 됩니다. 반면에 표현된 형태를 정리 정돈해야 할 때도 있습니다. 모든 건 현재 상황과 우리의 목적에 따라 달라집니다. 이번에는 주어진 숫자를 다른 숫자와 비교하고 기록해야 하므로 종류별로 모아서 크기순으로 나열하는 것이 좋겠습니다.

먼저 밧줄 동전 열 개를 연꽃 동전 하나로 바꾸고, 발꿈치 동전 열 개를 밧줄 동전 하나로 바꿉니다. 이제 연꽃 동전 네 개와 밧줄 동전 하나, 발꿈치 동전 두 개, 그리고 나머지 동전 한 더미가 남았습니다.

마지막으로 나머지 동전 열 개를 발꿈치 동전 하나로 바꾸면 결과는 다음과 같습니다.

이제 곡식의 총량을 나타내는 동전이 최대한 간명하게 정리되었으므로 다음과 같이 적어두기만 하면 됩니다. 𓆼𓆼𓆼𓆼 𓍢 𓎆𓎆𓎆 𓏺

그런데 교환은 언제 어떤 순서로 이루어지든 상관없습니다. 계산용 동전의 완벽한 유연성 덕분에 우리는 필요할 때 언제든 순서에 상관없이 교환할 수 있습니다. 물론 그러다 보면 한 번 큰 단위로 교환을 했다가 (예컨대 뺄셈을 하기 위해) 다시 작은 단위로 되돌려야 하는 경우도 생길 수 있습니다. 훌륭하고 능률적인 산수학자가 되려면 그런 중복을 피하는 법도 배워야 합니다. 그러니 미리 다각도로 생각해보고 계산하는 것도 좋습니다. 물론 꼭 그래야 하는 건 아닙니다. 산수를 잘하는 것은 하나의 기술일 뿐이니 관심 있는 사람만 하면 됩니다. 뜨개질이랑 다를 바 없지요.

우선 교환을 '상향식'으로 하면 시간이 절약됩니다. 즉, 먼저 나머지 동전을 묶음 동전으로 교환하고, 다음으로는 묶음 동전을 묶음의 묶음 동전으로, 다시 묶음의 묶음 동전을 상위 동전으로 교환하는 식입니다. 그러면 이미 교환한 동전을 다시 되돌리는 일은 생기지 않습니다.

고대 이집트의 세 염소지기가 염소를 한데 모아서 함께 관리하기로 했다. 첫 번째 염소지기는 𓍢𓍢 𓎆𓎆 𓏺𓏺𓏺𓏺𓏺만큼의 염소를, 두 번째 염소지기는 𓍢 𓎆𓎆𓎆𓎆 𓏺𓏺𓏺만큼을, 세 번째 염소지기는 𓍢 𓏺𓏺만큼의 염소를 가졌다. 조심한다고 했는데도 늑대가 𓎆𓎆𓎆𓎆 𓏺𓏺𓏺만큼의 염소를 잡아갔다고 한다. 남은 염소는 몇 마리일까?

6장

로마: 제대로 된 숫자놀이를 시작해볼까?

쌓아 올리지 않아도 괜찮아

인류 역사상 사람들이 가장 애용한 가치 표기 체계를 꼽으라면 고대 로마의 숫자를 들 수 있습니다. 논란의 여지는 있지만, 적어도 얼마나 오랫동안 쓰였는가의 관점에서라면 가장 성공한 수 체계입니다.

로마 숫자는 간단하고 편리하고 쉽습니다. 또한 반복과 인식의 문제에 대해 지금까지와는 사뭇 다른 해결책을 제시합니다. 숫자를 묶는 기준은 여전히 십이며, 가치 표기 체계이기 때문에 묶음이나 묶음의 묶음 등 중요한 숫자에 특별한 이름을 붙입니다. 그 이름이란 다양한 '로마자 알파벳'이었습니다. (고대 그리스와 히브리에서도 비슷하게 알파벳으로 숫자를 표현했습니다.) 즉, 하나는 로마자 I로 표현하였고, 열 개짜리 묶음은 X라고 썼습니다. X가 열 개 모이면 C(라틴어로 백을 뜻하는 'centum'의 첫 글자)가 되었고, 다시 C가 열 개 모이면 M(라틴어로 천을 뜻하는 'mille'의 첫 글자)

이 되었습니다.

고대 이집트인들과 달리 로마인들은 '쌓아 올리기' 대신 소小단위 문자를 도입하였습니다. 완전히 새로운 아이디어였죠. I 다섯 개를 연속으로 나열하면 읽기도 해석하기도 힘들기 때문에 I 다섯 개를 뜻하는 새로운 상징 V를 만든 겁니다. 예를 들어, 일곱을 말도 안 되게 IIIIIII라고 쓰는 대신 간단하게 VII라고 쓰게 되었습니다. 물론 더 큰 단위의 수에도 같은 원리가 적용되었습니다. X 다섯 개는 L(오십)로 표기하였고, C 다섯 개는 D(오백)라고 썼습니다.

이 과정에서 잃는 것도 있었습니다. 쌓아 올려야 하는 수고는 덜지만 그만큼 익혀야 할 문자의 수가 늘어나기 때문입니다. 이쯤에서 새로운 문자를 한번 정리해볼까요?

I	V	X	L
일	오	십	오십

C	D	M
백	오백	천

여기서 소단위 문자인 V, L, D는 조금 덜 중요하다고 생각해도 됩니다. 단지 편의를 위한 문자일 뿐이고, 한 묶음을 뜻하는 문자 I, X, C, M과는 차원이 다르기 때문입니다.

본질적으로 로마 숫자는 이집트 숫자와 별로 다르지 않았습니다. 인식의 문제를 쌓아 올리기 대신 소단위 문자로 해결했다는 점이 다를 뿐이지요. 우리 손가락이 한 손에 다섯 개씩 있다는 점에서 다섯을 소단위의 기준으로 정한 것 역시 아주 자연스러운 일이었습니다. 손 부족이나 탤리 마크를 쓰던 원시인들이 로마 숫자를 봤다면 모두 쌍수를 들고 환영했을 거예요. 문어처럼 발이 여덟 개 달린 생물이라면 생각이 좀 달랐겠지만 말예요.

이제 당신이 클레오파트라 시대(기원전 45년경)의 서기라고 상상해봅시다. 당신의 임무는 이집트 보물에 관한 기록을 라틴어로 번역하는 일입니다. 𓆼𓆼𓆼 𓍢𓍢𓍢𓍢𓍢𓍢 𓎆𓎆𓎆𓎆𓎆𓎆𓎆 𓏺𓏺𓏺𓏺𓏺𓏺𓏺𓏺𓏺가 로마 숫자로는 어떻게 표현될까요?

(다행히도 묶음 크기는 같으니) 대응되는 문자를 단순히 바꿔 쓰고, 다섯 개 이상 반복되는 상형문자가 있을 때에만 소단위 문자로 바꾸면 됩니다.

𓆼𓆼𓆼 𓍢𓍢𓍢𓍢𓍢𓍢 𓎆𓎆𓎆𓎆𓎆𓎆𓎆 𓏺𓏺𓏺𓏺𓏺𓏺𓏺𓏺𓏺 ⇨ MMMDCLXXVIIII

이집트 숫자와는 달리 로마 숫자는 모두 키가 똑같지요? 그 덕분에 정갈하고 가지런히 쓸 수 있었을 뿐 아니라 금석문을 쓰는 데 특히 적합했습니다.

로마 숫자에 관한 흥미로운 이야기

그나저나 로마자 표기에 관해 사람들이 흔히 하는 오해가 있습니다. 책의 목차나 달력 혹은 시계에서 넷을 IV로, 아홉을 IX로 표기한 걸 본적이 있을 겁니다. I의 위치에 의미를 부여하여 여섯은 VI로, 넷은 IV로 표기하지요. 그러나 로마인들은 이런 식의 표현을 전혀 쓰지 않았으며, 거기에는 그럴만한 이유가 있었습니다. 문자에 가치가 고정되어 어떤 순서로 쓰든 상관없다는 것은 가치 표기 체계의 중요한 장점입니다. 문자와 다른 문자 사이의 관계에 의미를 부여하는 순간 수 체계는 아주 까다롭고 불안정해지기 시작합니다. 계산 과정 역시 훨씬 복잡해지고 맙니다. 별 다른 이득도 없이 불필요한 복잡성을 더할 필요가 있을까요?

다만 숫자가 계산 외에 다른 목적으로 사용되는 경우가 있습니다. 예를 들어, 숫자는 이름표로 쓰기에 아주 편리합니다. 책의 목차나 집 주소에 쓰는 숫자는 계산 목적이 아니라 이름표로서 쓰인 것입니다. 이 집 주소와 저 집 주소를 더해볼 사람은 없을 테니까요. 여섯을 VI로, 넷은 IV로 표기하는 관행은 이런 이름표를 가능한 한 짧게 만들기 위한 방편으로 13세기에 와서야 널리 퍼졌습니다. 로마인들은 이런 식의 표기를 거의 하지 않았으며 더욱이 계산의 목적으로는 그 누구도 전혀 쓰지 않았습니다.

이집트 보물에 관한 기록을 뒤지던 중 아스완 보물창고에서 발견된 찢어진 파피루스 조각을 발견했다. 거기에는 아래와 같은 숫자가 쓰여 있다.

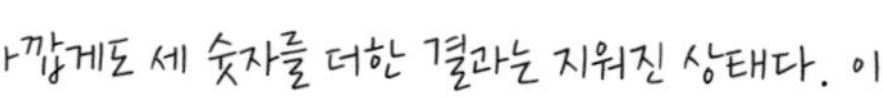

그런데 안타깝게도 세 숫자를 더한 결과는 지워진 상태다. 이 상형문자를 로마 숫자로 변환하여 세 수의 총합을 구해보자.

소단위 문자는 하나를 손바닥 하나라고 생각하면 이해하기 편합니다. 즉, VIII은 손바닥 하나에 손가락 세 개를 더한 것으로 볼 수 있습니다. 손 부족 사람이 특히 좋아했을 방법이지요?

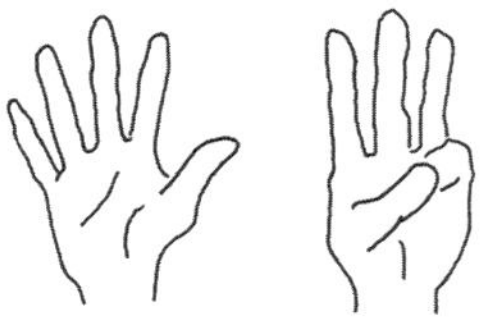

VIII

그래서 V는 I와 짝을 이루고, D와 C는 서로 짝을 이룬다고 생각하면 편합니다. 그렇게 보면 DC가 제 눈에는 여섯으로 보입니다. (물론 뒤에는 백이 더 붙어 있지요.) 이런 식으로 로마 숫자에 익숙해지면 다음과 같이 길고 복잡한 수를 마음속으로 MMM(삼천), DCC(칠백), LX(육십), VIII(팔)로 나누어 읽게 됩니다.

MMMDCCLXVIII

물론 로마인들은 한국어가 아니라 라틴어로 읽었겠지요. 예를 들어, 위의 숫자는 트레밀리아tresmilia 셉틴젠티septingenti 섹사긴타sexaginta 옥토octo라고 읽습니다.

배에 화물을 모두 실을 수 있을까?

로마 수로 계산하기는 이집트 수만큼이나 쉽습니다. 우선 가치 표기 체계이므로 각 숫자가 어디에 위치하든 걱정이 없습니다. (다만 로마인들은 항상 왼쪽에서 오른쪽으로, 큰 수부터 작은 수 순서대로 썼습니다.) 특히 덧셈은 모든 숫자를 한데 모은 다음 잘 정리하면 됩니다.

당신은 로마시대의 상인이며, 지중해로 출항하는 상선에 물건을 싣기로 했습니다. 선적할 수 있는 화물은 최대 2,000톤입니다. 당신이 항구에 갖다 놓은 화물의 양은 다음과 같습니다(단위는 톤).

와인: DCCLXVII

올리브: DLII

토가: DCLXXIII

이 화물을 전부 선적할 수 있을까요?

일단 각 문자가 몇 번씩 나오는지를 세고 필요한 경우 더 큰 단위의 문자로 교환합니다.

DDDCCCLLLXXXVIIIIIII ⇨ MDCCCCLXXXXII

비교해보니 물건을 전부 싣고도 오히려 공간이 남습니다.

그런데 이쯤에서 이집트 동전 같은 계산 보조 기구가 있으면 좋겠다는 생각이 드는군요. 실제로 로마인들에게도 타불라tabula라는 계산기가 있었습니다(오늘날 태블릿tablet의 어원이 바로 타불라입니다). 계산용 동전도 물론 유용하지만 타불라는 여러모로 더 빠르고 간편했습니다. 또한 아주 혁신적인 새로운 개념, 바로 자릿값 체계를 도입하였습니다.

구조는 간단하고 명쾌했습니다. 나무판이나 대리석판 하나를 가져다가 수평으로 긴 홈을 새기고, 각각의 홈 옆에는 단위와 소단위의 이름을 새겨 넣었습니다.

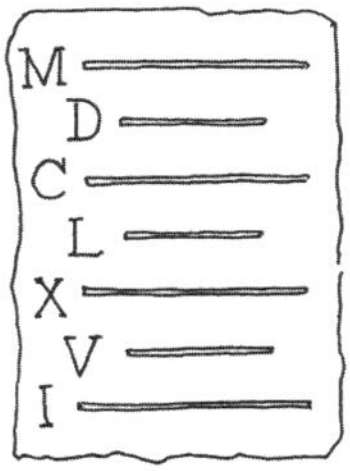

소단위에 해당하는 홈은 조금 짧게 새겼는데 그 이유는 아래서 다시 살펴보겠습니다. 이제 수량을 표현하기 위해 해당되는 홈에 작은 돌을 올립니다. 즉, MMDCCLXVII는 다음 그림과 같이 표현합니다.

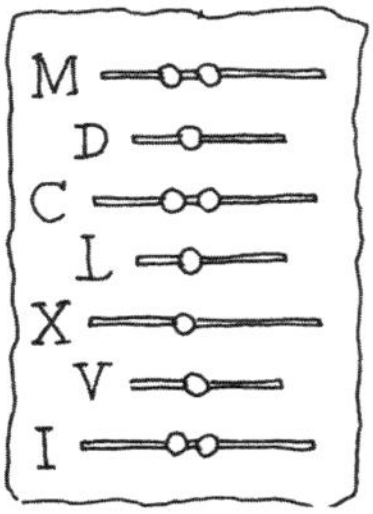

이 돌은 라틴어로 칼쿨리calculi(계산용 돌이라는 뜻)라고 불렸습니다. 계산을 뜻하는 영어 단어 '캘큘레이션calculation'이 바로 여기서 기원했지요. 그런데 칼쿨리라는 단어 자체는 석회석을 뜻하는 라틴어 칼크스calx에서 비롯되었다고 합니다. 서로 전혀 상관없어 보이는 계산기calculator와 칼슘calcium의 영어 표현이 왜 비슷한지 이제야 알겠네요.

여기서 중요한 사실은 칼쿨리 자체에는 어떠한 표식도 없다는 점입니다. 즉, 모든 칼쿨리는 동일하며, 칼쿨리의 가치는 어디에 놓이느냐에 따라 결정됩니다. 이것이 바로 '자릿값'의 개념입니다. 통 안에 한가득 들어 있는 칼쿨리는 그 자체로는 아무런 의미가 없으며, 타불라의 홈 위에서만 그에 상응하는 가치를 갖습니다. 그러므로 이집트 동전과는 달리 액면가를 따질 필요도 전혀 없습니다. 홈에 가만히 올려놓을 수만 있다면 돌멩이가 아니라 그 어떤 것을 써도 상관없습니다. 심지어 무당벌레를 써도 됩니다. 딱히 추천하진 않습니다만.

로마식 계산기 타불라를 직접 만들어보자.

(종이에 줄을 긋고 동전이나 단추를 올리면 됨)

계산기를 조심해!

이집트 동전에서 로마식 주판으로 넘어가면서 얻은 것도 있지만 잃은 것도 있습니다. 우선 아무 표시도 없는 칼쿨리의 장점은 융통성입니다. 작고 똑같이 생긴 돌멩이는 다양한 표식을 새긴 동전보다 다루기가 훨씬 쉽죠. 하지만 여기에는 대가가 따릅니다. 일종의 취약성입니다. 타불라에서는 돌멩이가 놓이는 위치가 중요하기 때문에 실수로 판을 움직이지 않도록 주의해야 합니다. 가치가 새겨진 동전 무더기 위에는 고양이가 뛰어올라도 문제될 게 없습니다. 동전이 흐트러져도 가치는 변하지 않으니까요. 하지만 그 녀석이 타불라 위를 헤집고 다닌다면 아침 내내 한 수고가 전부 수포로 돌아갈 수도 있습니다. 결국 융통성과 편리함을 얻은 대가로 세심한 주의가 필요해진 겁니다. 앞으로도 더 살펴보겠지만, 산수의 역사에서 이런 거래는 여러 번 되풀이되었습니다.

이번에는 당신이 고대 로마의 올리브유 저장창고에서 근무하던 서기가 되었습니다. 곧 있을 축제를 대비하여 원로원에서 올리브유 MMDCXXXV병을 주문했습니다. 현재 재고는 위층에 MCCCLXIII병을, 지하저장고에 MCCLXXIII병이 있다고 합니다. 그것만으로 충분할까요?

타불라를 이용해서 올리브유 재고량을 확인해봅시다. 먼저 첫 번째 수량 MCCCLXIII을 주판 위에 표시하는데 그림과 같이 돌멩이를 해당되는 홈 왼쪽에 몰아서 올립니다.

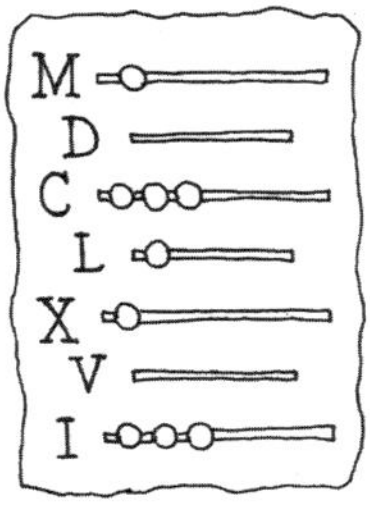

다음으로 두 번째 수량 MCCLXXIII에 해당되는 돌멩이는 홈의 오른쪽에 올립니다.

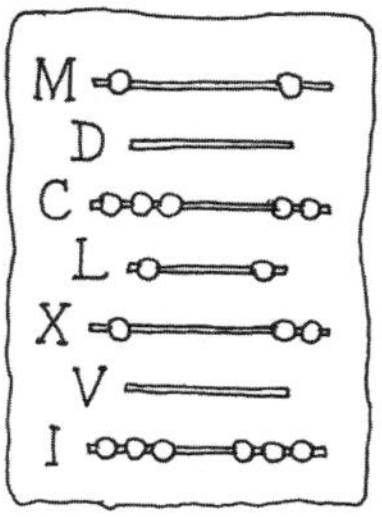

정답은 이미 타블라 위에 구현되어 있습니다. 다만 비교하기에 최적화된 상태라고 볼 수는 없으니 좀 더 정리를 해야 합니다. 먼저 맨 아래 I줄에 있는 돌 다섯 개를 빼고 V줄에 돌 하나를 더합니다. 다음 L줄에 있는 돌 두 개는 C줄의 돌 하나로 바꾸어줍니다. 이제 C줄에 돌 여섯 개가 있으므로 그중 다섯 개는 D줄의 돌 하나로 바꿉니다. 이렇게 단위 교환을 마친 타블라의 모양은 다음과 같습니다.

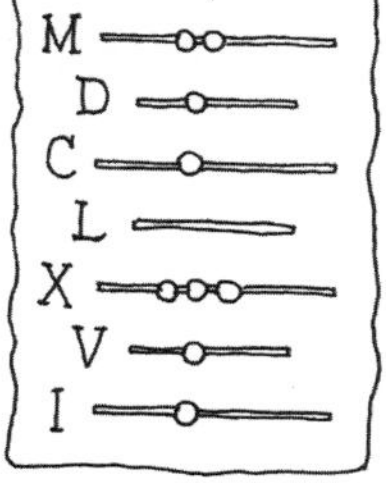

총합이 간단하게 정리되었네요. 바로 MMDCXXXVI입니다. 필요한

올리브유의 수량인 MMDCXXXV와 비교해보면 딱 한 병이 남는 걸 알 수 있습니다. 원로원 의원님들이 축제를 마음 편히 즐기실 수 있겠군요. 적어도 올리브유 때문에 싸움 날 일은 없겠어요.

돌멩이 갖고 놀고 있네

그런데 여러분, 단위 교환 과정이 이집트 숫자에 비해 약간 복잡하다는 사실 눈치 채셨나요? 이것도 단점이라면 단점이겠지요. 쌓기 대신 소단위 체계가 도입되면서 기본단위와 소단위의 교환 비율이 서로 다르다는 문제가 생겼습니다. 즉 긴 홈의 돌멩이 다섯 개는 (짧은) 윗줄의 돌멩이 하나와 가치가 같지만, 짧은 홈에서는 돌멩이가 두 개만 있어도 (긴) 윗줄의 돌멩이 하나와 가치가 같습니다. 복잡해 보이지만 막상 해보면 생각보다 크게 헷갈리진 않습니다. 적어도 긴 줄과 짧은 줄이 번갈아 반복되는 일정한 패턴을 유지하기 때문입니다. 심지어 어린 아이라도 몇 시간만 연습하다 보면 꽤나 능수능란해질 겁니다.

타불라를 이용하여 MCCLXVII와 MDCLVI, LXXXVIIII의 합을 구하라. MMM보다 큰 수인가?

타불라는 무엇보다 읽기 쉽다는 장점이 있습니다. 일곱이나 칠십 같은 수는 돌멩이 두 개 위에 돌멩이 하나가 올라간 형태를 취하게 되는데, 마치 손바닥 하나와 손가락 두 개처럼 느껴집니다.

그런데 만약 로마시대 서기처럼 타불라를 아주 능숙하게 쓰고 싶은 분이 있다면 꼭 배워야 할 고급 기술이 하나 있습니다. 단위 교환을 할 때 긴 줄의 돌멩이를 먼저 다섯 개 빼고 짧은 줄에 하나를 더하는 것이 아니라, 긴 줄의 돌멩이 네 개를 빼고 나머지 하나를 윗줄로 올리는 겁니다. 이렇게 하면 시간은 좀 절약되겠지만 당신의 눈앞에 놀라운 혼돈의 세계가 펼쳐질 수도 있습니다. 손에는 돌멩이를 쥔 채 이 돌을 도대체 어디에서 뺐는지를 궁금해 하며 멍을 때리는 자신의 모습을 발견하게 될지도 모릅니다.

바나나 부족 사람들을 위한 타불라를 만든다면 어떤 모양일까?

7장

중국과 일본: 소매 주머니 속 계산기

아주 대담한 해결책

로마 숫자에는 가치 표기 체계와 자릿값 체계가 혼재되어 있었습니다. 숫자 자체는 (소단위 숫자까지 포함된) 완벽한 가치 표기 체계였던 반면 타불라는 자릿값을 이용하는 계산 도구였어요. 이처럼 두 가지 방식이 함께 사용되었던 또 하나의 수 체계로 기원전 200년경부터 바로 지난 세기까지 쓰인 중국의 수 체계를 들 수 있습니다. 중국 숫자는 한자 문화 전반이 동북아시아 전체로 퍼지면서 한반도와 일본에서도 널리 사용되었습니다.

중국인들은 인식의 문제를 해결하기 위해 아주 대담한(그리고 완성형에 가까운) 해결책을 도입합니다. 로마인들은 획이 계속 반복되지 않도록 소단위 문자를 고안하였는데, 중국인들은 여기서 한 단계 더 나아갔습니다. 일부터 구에 해당하는 각각의 문자를 모두 만들어낸 겁니다. 아주 극단적인 해법이었지요. 이제 반복에 관해서는 아예 걱정할 필요가 없어졌지만 그 대가는 상당히 컸습니다. 기억해야 할 문자가 너무 많아졌으니까요.

一	二	三	四	五	六	七	八	九
일	이	삼	사	오	육	칠	팔	구

처음 세 숫자는 (가로 획으로, 좀 더 멋들어지게 썼다는 점만 빼면) 이집트 및 로마 숫자와 본질적으로 동일합니다. 하지만 그 뒤부터는 완전히 새롭고 어찌 보면 대단히 자의적으로 보이는 문자들이 이어집니다.

따라서 획을 쌓아 올리는 단순한 표현법에 비해 중국 숫자는 습득하기가 다소 어렵습니다. 하지만 영어만 해도 스무 개가 넘는 알파벳에 다양한 구두점과 강세부호까지 더해지는데, 결국에는 모두 익숙해지지 않던가요? 생소한 문자 아홉 개쯤은 사실 큰 문제가 되지 않습니다. 게다가 일단 배우고 나면 헷갈릴 여지가 전혀 없다는 점에서 인식의 문제가 완벽하게 해결되었습니다.

물론 묶음 단위를 표현하는 문자도 필요합니다.

十	百	千
십	백	천

이렇게 간단한 것을!

로마자의 MMDCLSSVIII를 한자로 표현하면 다음과 같습니다.

二
千
六
百
七
十
八

우선 좌에서 우가 아니라 위에서 아래로 표기한다는 점이 특이합니다. 또 하나 중요한 특징으로는, 묶음이 총 몇 개인지를 묶음 단위 바로 앞에 하나의 문자로 표현했다는 점이 있습니다. 예를 들어, 로마자의 MMM은 묶음 단위인 M이 세 개이므로 다음과 같이 표기합니다.

三
千

이렇게 하면 시간과 공간을 상당히 줄일 수 있습니다. 열아홉이라는 수를 표현한 다음의 숫자들을 비교해보세요.

XVIIII
十
九

중국식 숫자에서는 묶음 단위와 묶음 단위가 몇 개인지를 나타내는 바로 앞의 수만 읽으면 됩니다. 만약 묶음 단위가 하나뿐일 때에는 앞에 一을 쓰지 않는 것이 일반적입니다. 다음의 예를 통해 확인해보세요.

千		
三		九
百	六	百
十	百	四
四	二	十
MCCCXIIII	DCII	DCCCCXXXX

아래 숫자를 중국식으로 쓰면 어떻게 될까?

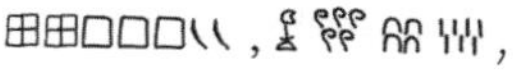

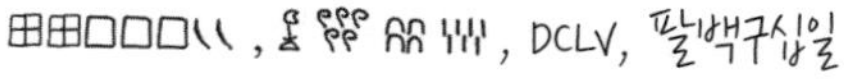

, DCLV, 팔백구십일

주판을 배울래? 타불라를 배울래?

여러분도 알다시피 동북아시아 문화권에서 역시 고유의 계산기가 널리 쓰였습니다. 바로 주판입니다. 주판의 형태는 매우 다양한데, 우리나라에서도 널리 쓰이는 일본식 주판 소로반そろばん은 다음 그림처럼 생겼습니다. 로마의 타불라와 원리가 상당히 유사합니다. 다만 홈에 올리는 조약돌 대신 펨대라는 가느다란 막대기에 꿴 주판알을 이용하여 계산했습니다.

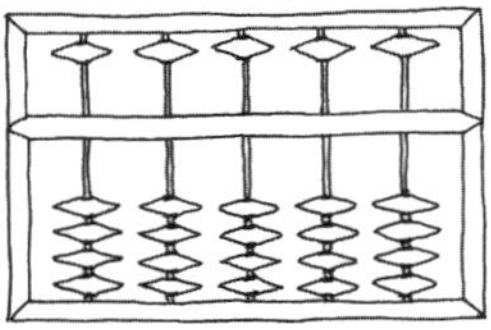

계산을 하려면 주판알이 꿸대를 따라 자유롭게 움직일 수 있도록 먼저 주판을 평평한 바닥에 놓습니다. 그리고 시작하기 전에 가운데 수평막대 밖으로 주판알을 모두 밀어내는 '주판 털기'를 합니다. 타불라로 보면 위에 놓인 칼쿨리를 모두 치우는 과정과 같습니다.

각각의 꿸대는 타불라의 홈 한 쌍과 같습니다. 먼저 맨 오른쪽 꿸대에 있는 주판알은 일의 단위를 나타냅니다. 그중에서도 수평막대 아래에 있는 주판알 네 개는 타불라의 I줄에 놓을 돌멩이 네 개와 같고, 수평막대 위에 있는 주판알 하나는 타불라의 V줄에 놓을 돌멩이 하나와 같습니다. 그러므로 하나부터 넷까지의 숫자를 표현하려면 수평막대 아래의 주판알을 원하는 만큼 위로 올립니다. 반면 다섯을 표현하려면 수평막대 위의 주판알을 내립니다. 다음 두 그림은 같은 수를 표현하고 있습니다.

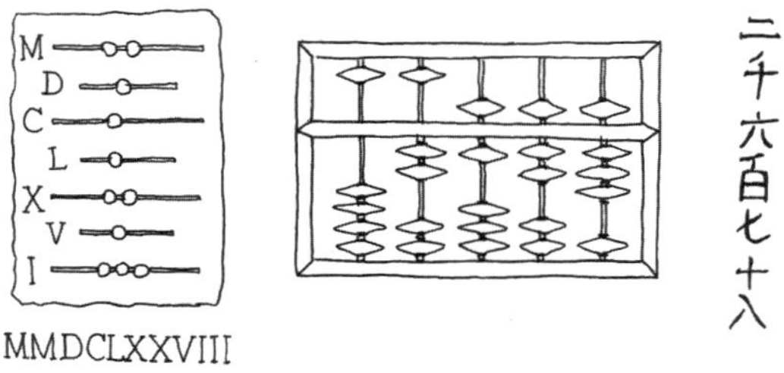

주판을 쓰면 타불라와는 달리 돌멩이를 한 무더기씩 들고 다닐 필요가 없습니다. 주판알이 주판에 아예 달려 있으니까요. 그것들 가운데 어떤 것을 세어야 하느냐가 문제일 뿐입니다. 주판에서는 주판알을 넣었다 뺐다 하는 대신 위아래로 움직이기만 하면 됩니다. 가장 큰 장점은 휴대가 간편하다는 점입니다. 단점이요? 여러분 타불라는 고양이가 밟고 지나가면 쉽게 흐트러지므로 조심조심 다루어야 한다고 말했었던 거 기억하시죠? 주판에 비하면 타불라는 바윗덩어리나 마찬가지입니다. 주판알은 실수로 살짝만 탁 쳐도 제멋대로 흐트러져 버리거든요. 여러분이 만약 16세기 일본의 회계사였다면 소매 주머니에 주판을 넣어가지고 다닐 수는 있었겠지만 셈을 하려면 당신만의 조용한 공간(특히 애완동물이나 어린아이는 못 오는 곳)을 찾아야 했을 겁니다.

직접 주판을 사용해보라.

(주판이 없다면 종이에 테두리와 꿸대를 그려놓고 주판알 대신 동전이나 단추를 사용해도 좋다.)

또 하나의 단점이라면 주어진 주판알 이상은 추가할 수 없다는 점입니다. 반면 타불라는 원한다면 얼마든지 돌멩이를 추가할 수 있습니다. 물론 한 줄에 돌멩이가 너무 많으면 차후에 단위를 변경해주긴 해야겠지만 적어도 최대한 늘어놓을 자유는 있습니다. 반면 주판에서는 꼭 필요한 것 이상의 구슬은 쓰지 않는 우아한 미니멀리즘을 경험할 수 있습니다. 어떤 면에서는 오히려 편리하다고 볼 수도 있습니다. 숫자가 늘 완벽히 정제된 형태로 표현되며 무게도 가벼우니까요. 하지만 계산하는 사람에게는 큰 부담이 될 수도 있습니다. 단위 변환을 모두 암산으로 해내야 한다는 뜻이기 때문입니다. 주판을 배우다가 중도에 나가떨어지는 사람이 많은 것도 그 때문입니다. 물론 산수에 관심이 깊은 사람들, 예를 들어 16세기 일본 회계사라면 매일같이 열심히 연습해서 점점 익숙해질 수 있을 겁니다. 하지만 그게 아니라면 주판이든 타불라든 본인에게 맞는 것을 배우면 됩니다.

주판을 놓아보자!

이제 우리가 중세 일본의 쌀 상인이라고 상상해봅시다. 왕의 첩이 쌀 예순六十 가마니를 주문했습니다. (이제부터는 종이를 아끼기 위해서 한자도 가로로 표기하겠습니다.) 창고를 살펴보니 첫 번째 창고에는 쌀 二十七 가마니가, 두 번째 창고에는 三十五 가마니가 있습니다. 쌀이 충분한가요? 왕의 첩께서 흡족해 하실까요?

여기서 우리는 二十七과 三十五를 더한 수가 육십보다 많은지를 알아내야 합니다. 먼저 첫 번째 수를 주판에 나타내봅시다.

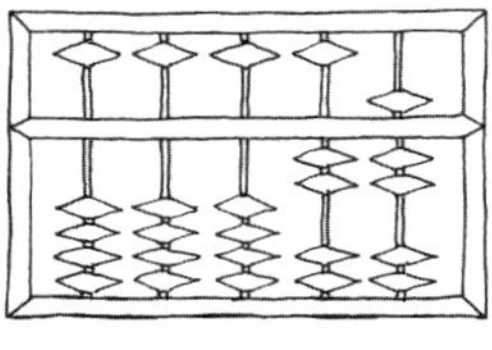

십의 자리 아래알 두 개를 올리고(二十) 일의 자리에서는 다섯을 뜻하는 윗알 하나와 하나를 뜻하는 아래알 두 개를 움직여 일곱(七)을 표현합니다.

여기에 三十五를 더하려면 십의 자리 세 개와 일의 자리 다섯 개를 움직여야 합니다. 일의 자리에서 윗알을 내리면 되겠지만 안타깝게도 이미 내려와 있군요. 하지만 방법이 있습니다. 기존의 다섯을 빼버리고 열을 더하면 되지요! 십의 자리 아래알 하나를 올림과 동시에 일의 자리 윗알 하나를 올려서 다섯을 뺍니다. 그럼 주판은 이런 모양이 됩니다.

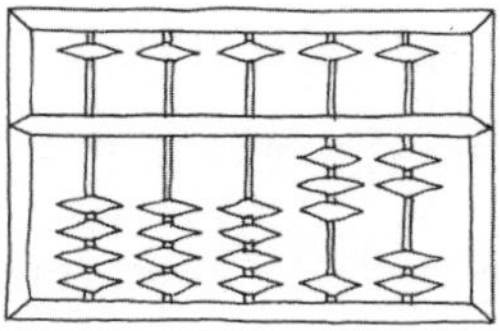

이제 십의 자리 세 개(三十)만 처리하면 됩니다. 십의 자리 아래알 세 개를 올려야 하는데 남은 주판알이 부족합니다. 이럴 때 어떻게 해야 하는지 아시겠지요? 다섯을 더하고 둘을 빼면 됩니다. 즉, 윗알 하나를 내리고 아래알 두 개 역시 내려주면 다음과 같은 모양이 됩니다.

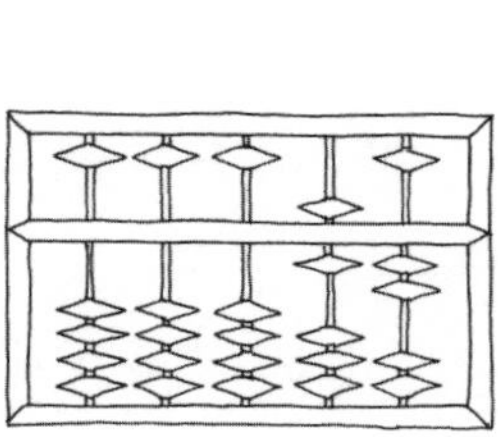

그러므로 두 수의 합은 六十二이고, 주문량보다 두 가마니가 많음을 알 수 있습니다. (남은 것까지 덤으로 진상하면 왕의 첩께서 더 좋아하시겠지요?)

이러면 주판 사용법을 거의 마스터한 셈입니다. 나름 재미있지 않나요? 가끔 창의적으로 머리를 굴려볼 수도 있고, 주판알을 착착 올렸다 내렸다 하는 느낌도 꽤 좋습니다. 물론 계산을 할 때 방심해서는 안 됩니다.

만약 주판알 개수를 늘린다면 어떻게 될까요? 정신적 스트레스를 덜 받을 수는 있을 겁니다. 실제로 중국식 주판에는 윗알이 두 개씩 있습니다. 하지만 이러면 암산해야 할 필요가 줄어들기는 해도 수학적 간결함은 다소 떨어집니다. 극단적으로 꿸대 하나당 주판알이 스무 개, 서른 개씩 달린 주판을 개발할 수도 있겠지만 그러면 우리는 다시 인식의 문제로 회귀하게 됩니다. 주판알 일곱 개와 여덟 개를 구분하는 건 생각보다 쉽지 않기 때문입니다.

결국 어떤 계산법이든 저마다의 장점과 단점이 있게 마련이고, 완전히 익숙해지기 위해서는 충분한 연습을 필요로 합니다.

바나나 부족이 주판을 만든다면 어떤 모양일까?

8장

인도: 자릿값을 가진 숫자

수 체계를 만드는 기준

지금까지 상상 속 원시부족부터 고대 이집트, 로마, 중국과 일본에 이르는 다양한 수 체계에 대해 살펴보았습니다. 이제부터는 이 생소한 숫자들로부터 우리가 무엇을 얻을 수 있는지 생각해보도록 할 텐데요. 그러려면 먼저 '비교 산수학'적 관점(좀 그럴싸해 보이나요?)에서 여러 수 체계를 비교해보는 게 좋겠습니다. 어떤 숫자가 다른 숫자보다 우월하다면 그 이유는 무엇일까요? 다양한 계산기들은 저마다 어떤 장점을 가졌을까요?

앞서 살펴본 바에 따르면 기호를 통해 수를 표현하는 체계, 즉 수 언어number language가 갖추어야 할 가장 중요한 조건은 인식의 문제를 해결하는 것이었습니다. 한눈에 알아보기 힘든 숫자는 아무짝에도 쓸모가 없기 때문입니다. 그러므로 숫자 기호는 쓰기도 편하고 알아보기도 쉽도록 아주 신중하게 설계해야 합니다.

예를 들어, 고대 이집트인들은 연꽃 문양 하나를 그리느라 시간을 5분씩 쓰지는 않았습니다. 대신 쉽고 빠르게 흘려 쓸 수 있는 축약형을 사용했지요. 넷은 세로줄 네 개를 다 그리기보다는 가로로 줄 하나로 표현하곤 했습니다. 이런 축약형의 사용은 다양한 형태의 의사소통 체계에서 쉽게 찾아볼 수 있습니다. 인간이란 게으르고 쉽게 지루해하면서도 주어진 일만큼은 어떻게든 해내고 싶어 하는 존재이니까요.

반복을 통해 수를 표현하는 체계에서는 묶음을 이용하여 인식의 문제를 해결해야 합니다. 중국인들은 기호를 몇 개 더 기억하는 수고를 감수함으로써 이 문제를 현명하게 해결하기도 했지요. 묶음 크기를 정할 때에도 주의해야 합니다. 묶음의 크기가 너무 크면 그만큼 나머지 수가 많아지므로 소단위나 새로운 기호가 너무 많이 필요해집니다.

바빌로니아 사람들은 육십진법, 즉 기본 묶음의 크기가 육십인 수 체계를 사용했습니다. 이러면 나머지 수는 자그마치 쉰아홉 개입니다! 쉰아홉 개의 설형문자를 줄줄이 늘어놓을 수는 없을 테고, 인식의 문제에 대한 다른 어떤 해결책이라도 필요했을 겁니다. 바빌로니아인들은 숫자를 열 개씩 소단위로 묶고 하나부터 아홉까지의 나머지 숫자는 이집트처럼 쌓아 올리는 방식으로 문제를 해결했습니다. 결국 기본 묶음이 너무 크면 고민거리가 하나 늘어나는 셈입니다.

반면 묶음의 크기가 너무 작으면 반복에 따른 문제는 없지만 숫자가 커질수록 일이 복잡해집니다. 예를 들어, 몇 십 정도의 수는 바나나 부족의 수 체계로도 무리 없이 표현할 수 있습니다. 하지만 백만과 같은 아주 큰 수를 표현하려면 엄청나게 많은 기호를 줄줄이 나열해야 합니다.

타협의 결과, 우리는 (여전히 열두 개가 한 세트인 경우도 많지만) 십이라는 수를 기본 묶음 단위로 사용하게 되었습니다. 아주 나쁜 선택은 아닙니다. 하지만 개인적으로는 다소 큰 감이 있고, 여덟이 더 나았을 거라고 봅니다. (언젠가 다리가 여덟 개 달린 외계인들이 지구를 침공해서 우리에게 저 간명하고 체계적인 팔진법을 쓰도록 강요하는 날이 온다면 얼마나 좋을까요?)

결국 수 체계를 만드는 기준으로는 한눈에 인식할 수 있는가, 읽고 쓰기 쉬운가, 묶음의 크기는 적당한가 등을 들 수 있습니다.

산수를 배우는 이유

한편 계산기는 어떤 조건을 갖추어야 할까요? 우선 휴대하기가 좋아야 합니다. 대리석으로 만든 무겁고 거추장스러운 타불라에다 돌멩이 수십 개를 한 번에 들고 다니려면 얼마나 귀찮았겠어요. 간단하게 대나무 주판 하나를 주머니에 넣고 다니는 편이 훨씬 낫습니다. 오늘날로 치면 학교 중앙 컴퓨터를 쓰느냐 노트북을 쓰느냐의 차이쯤 되겠네요.

또 하나의 중요한 기준은 앞서 살펴보았던 (특히 고양이에 대한) 취약성입니다. 주판의 가장 큰 단점이라고 할 수 있지요. 또한 단순성이라는 기준도 중요합니다. 단순성이란 얼마나 어려운가, 즉 계산용 돌멩이나 동전처럼 이해하기 쉽고 사용자 친화적인가 아니면 주판처럼 상당한 훈련과 정신노동이 필요로 하는가를 의미합니다.

사실 정답이란 없습니다. 모든 숫자 언어와 계산 도구에는 저마다의 장점과 단점이 있기 때문입니다. 가장 좋은 방법은, 필요에 따라 여러 체계 사이를 쉽게 옮겨 다닐 수 있도록 유연하고 재치 있는 태도를 갖는 것이겠지요. 물론 약간의 노력이 필요할 겁니다. 사실 여러분의 문화권에서 가장 널리 쓰이는 숫자 언어와 계산 도구만 능숙하게 쓸 수 있어도 별 문제는 없습니다. 게다가 우리는 정보 처리의 황금기를 살아가고 있으며 사용하기 쉽고 저렴한 초소형 전자계산기를 어디에서나 쓸 수 있어요. 이 얼마나 다행인가요?

하지만 우리가 계산원이 되려고 이 책을 읽고 있는 건 아닙니다. 우리가 산수와 그에 담긴 철학을 배우는 이유는 계산 능력을 키우기 위해서가 아니라 세상을 바라보는 시야를 넓히기 위해서입니다. 내가 산수를 즐기는 것도 바로 그 때문입니다. 그런 데다 재미까지 있어요. 어쨌든 미래의 산수 전문가로서 우리는 늘 질문하고 비판하고 실험하고 즐겨야 합니다.

지금까지 말한 모든 것들을 종합해보면 다음 주제가 자연스럽게 등장합니다. 바로 인도입니다. 기원후 6세기경 인도 수학자들은 역사상 가장 대담하고 창의적인 계산법을 개발했습니다. 많은 점에서 로마와 중국 숫자의 장점을 잘 결합시킨 수 체계였어요. (하지만 로마 문명이나 중국 문명에 직접적인 영향을 받은 건 아니라고 합니다.)

인도인들은 쌓기나 소단위 문자 대신 중국처럼 각각의 수마다 고유한 기호를 만들었습니다. 묶음 단위는 (늘 그렇듯) 십이었으므로 일부터 구까지의 수에 알아보기 쉬운 기호를 붙여야 했어요. 이후 아라비아 숫자의 기원이 된 고대 인도의 데바나가리devanagari 숫자는 다음과 같았습니다.

१	२	३	४	५	६	७	८	९
일	이	삼	사	오	육	칠	팔	구

낯선 문자를 새로 익히는 수고를 덜기 위해 여기서는 익숙한 아라비아 숫자를 대신 쓰기로 합시다.

1 2 3 4 5 6 7 8 9

이게 얼마나 역사적 정확성과 문화적 감수성이 떨어지는 행동인지 지적하기 전에 제 이야기 좀 들어보세요. 인도는 아주 광대한 지역이므로 어차피 지역에 따라, 시기에 따라 다양한 상징과 문자를 사용했습니다. 아랍 상인들 역시 이미 기원후 700년경에는 인도 수 체계를 도입하였고, 자신만의 숫자를 만들어 쓰면서 빠르게 적응할 수 있었어요. 그러니 불필요하게 장황한 설명을 피하기 위해서라도 인도의 수 체계를 익숙한 아라비아 숫자를 이용하여 설명하도록 하겠습니다. 인도와 아랍의 이 역사적인 결합체는 흔히 인도-아라비아 십진법 자릿값 체계라고 불립니다.

아라비아 숫자의 탄생

그렇다면 과연 인도-아라비아 숫자가 이룩한 혁신이란 무엇이었을까요? 고대 로마와 중국인들이 가치 표기 문자 체계와 자릿값을 이용한 계산기를 결합했던 것과는 달리 인도인들은 문자 자체에 자릿값을 도입했습니다. 먼저 다음의 표로부터 논의를 시작해봅시다.

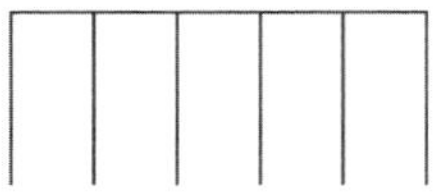

이 표는 공간을 여러 개의 열로 나누어줍니다. 각각의 열은 마치 타불라의 홈처럼, 혹은 주판의 꿸대처럼 저마다 자릿값을 갖습니다. 가장 오른쪽 열(즉, '자리')은 나머지 수를 뜻하고, 왼쪽으로 다음 열은 십의 묶음을, 그다음은 백의 묶음을 뜻합니다. 따라서 사천구백칠십이는 다음과 같이 표현됩니다.

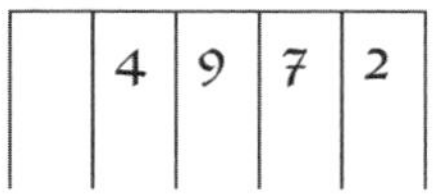

이로써 가치가 표기된 기호 자체에 자릿값이 주어졌습니다. 각 자리에 쓰이는 기호는 숫자(영어로는 디지트digit, 손가락을 뜻하는 라틴어 digitus에서 기원)라고 부릅니다. 이것이야말로 일석이조입니다. 숫자에 자릿값을 부여한 덕분에 C나 百과 같은 묶음 단위를 직접 쓸 필요가 없어졌음은 물론이고, 숫자 자체에 가치가 포함되어 있기 때문에 돌멩이라든지 주판알은 내다 버릴 수 있으니까요. 아라비아 숫자는 그 자체로 계산 도구가 된다는 뜻입니다. 종이와 연필 한 자루만 있으면 계산이 가능해졌으니 휴대성에 대해서는 더 말할 필요도 없겠지요! 게다가 고양이가 계산을 흐트러뜨릴 염려도 없습니다. 그렇다면 가히 사치스럽다 할 만한 편리함과 지속성을 얻은 대가는 과연 무엇이었을까요?

문제는 계산 과정에서 드러납니다. 숫자를 하나씩 더한다고 생각해보세요. 타불라에서는 I줄에 돌멩이를 하나씩 얹기만 하면 되고, 주판에서는 주판알 하나를 밀어 올리기만 하면 됩니다. 하지만 인도-아라비아 숫자와 연필-종이 계산기에서는 전혀 다른 일이 펼쳐집니다. 일의 자리에 쓰인 기호를 아예 바꿔야 합니다.

로마와 일본에서는 계산기가 문자와 완전히 분리되어 있었습니다. 직접 손에 잡히는 물체를 이용하여 계산 및 자리 변환을 마치고 나면 정답은 안개가 걷히듯 자연스럽게 주어졌습니다. 그러나 인도-아라비아 숫자에서는 문자와 계산이 불가분의 관계에 놓여 있습니다. 돌멩이나 주판알을 옮기는 게 아니라 문자 그 자체를 바꾸어야 합니다. 그건 우리에게 훨씬 많은 지식이 필요해졌다는 뜻입니다. 말하자면 2보다 하나 큰 수는 3이라는 사실을 알아야만 인도-아라비아 숫자를 자유자재로 쓸 수 있습니다. 결국 우리가 치른 대가는 수많은 것들을 기억해야 하는 수고입니다.

예를 들어볼까요? 스물넷과 열여덟이라는 두 수를 더할 때 타불라에는 XXIIII과 XVIII에 맞추어 돌멩이를 올리기만 하면 됩니다.

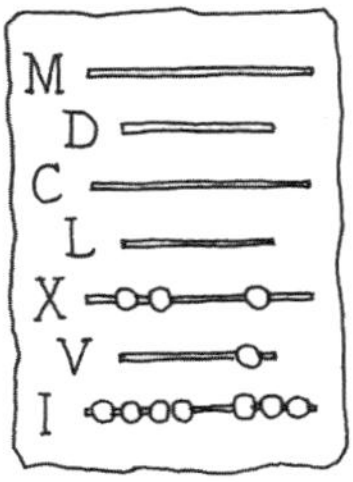

I줄의 돌멩이 다섯 개를 V줄의 하나로 바꾸고, V줄의 두 개를 X줄의 하나로 바꾸면 XXXXII라는 답이 쉽게 도출됩니다. 별로 생각할 거리가 없습니다.

같은 계산을 주판으로 하려면 머리가 약간 더 아픕니다. 먼저 주판에 二十四를 다음과 같이 표현합니다.

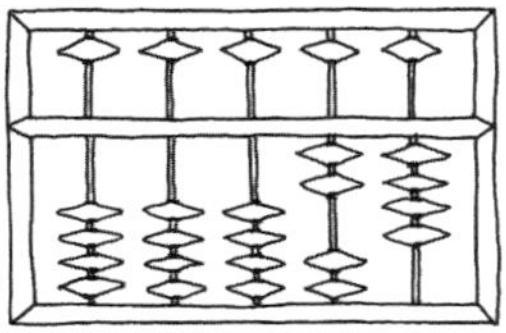

여기에 十八을 더하기 위해 십의 자리에서는 아래알 하나를 올리고, 일의 자리에서는 윗알 하나와 아래알 세 개를 옮겨서 총 여덟을 더하려고 합니다. 그런데 안타깝게도 일의 자리 주판알 네 개가 이미 전부 올라가 있으니 머리를 써야겠지요. 십의 자리 아래알 하나를 더 올리고 일의 자리 두 개를 빼면 팔을 더하는 것과 같다는 사실을 알아내야 합니다. 답은 四十二입니다.

머릿속 계산기를 사용하다

인도-아라비아 숫자에서는 정신적 고통이 더욱 심해집니다. 이제는 들어 올리든 밀어 내리든 할 수 있는 대상이 아예 없습니다. 그저 바라보는 것만으로 숫자 기호들이 어떻게 '행동할지'를 알아야 합니다. 지금까지와는 차원이 다른 수준의 '추상화'가 이루어지는 겁니다. 우리는 이제 손으로 만져지는 구체적인 사물 대신 마치 요정처럼 머릿속에서만 춤을 추는 추상적 기호를 다루게 되었습니다.

계산을 하려면 먼저 주어진 표에 두 숫자를 위아래로 씁니다.

	2	4
	1	8

그리고 표 아래에 두 수의 합을 쓰면 됩니다. 하지만 이제 모든 과정은 머릿속에서 이루어집니다. 우리는 숫자 사와 팔을 더하면 묶음 하나와 나머지 둘이 나온다는 사실을 어떻게든 미리 알고 있어야 합니다. 더 이상 쓸 수 있는 돌도, 주판알도 없으니까요. 이제 계산을 몇 단계로 나누어서 해봅시다.

먼저 나머지 수 둘을 더합니다. 사 더하기 팔은 십이, 즉 묶음 하나와 나머지 둘이 나왔습니다. 아랫줄에 그 사실을 기록합니다. 다음으로 십의 묶음으로 넘어가서, 이와 일을 더하면 삼입니다. 다음 줄에 기록합니다. 이제 그 모두를 더하여 총합을 구하면 묶음 넷, 나머지 둘, 즉 사십이가 나옵니다.

	2	4	
	1	8	
	1	2	나머지
	3		묶음
	4	2	총합

여기서 중요한 건, 각 열의 합을 어떻게 구하느냐입니다. 돌멩이나 주판알의 총 개수로서가 아니라, 기호로 표현된 두 숫자의 합을 표현하는 또 하나의 기호를 어떻게 알아내야 할까요? 이는 이미 상당히 추상화된 표현 체계에 또 다른 차원의 추상화를 더하는 것과 같습니다. 즉, 3 더하기 5가 8이라고 말할 때 우리는 돌멩이 합치기와는 차원이 다른 일을 하게 됩니다. 그 과정에서 우리는 아무것도 세지 않습니다. 3이라는 기호는 그 어떤 것이 세 개 있다는 뜻도 아니며, 단지 셋의 속성을 상징하는 부호일 뿐입니다. 따라서 더하기를 할 때도 우리는 돌멩이를 합치는 것이 아니라 기호의 조작과 변형을 통해 돌멩이를 합친 결과가 또 다른 기호에 담길 수 있게 만듭니다. 이 모든 과정이 훨씬 추상적이고 정신적으로 고된 활동임은 분명합니다.

두 수의 합은 덧셈 부호(+)로 표시합니다. 르네상스 시대에 만들어진 축약형으로 '그리고and'라는 뜻입니다. 등호(=)는 부호 양쪽의 수량이 같음을 의미합니다. 결국 3+5=8이라는 이 짧고 앙증맞은 수식에는 필요한 정보가 전부 들어 있는 셈입니다. 마찬가지로 뺄셈 부호(-)는 빼기를 뜻하며 8-5=3과 같이 씁니다. 말로 표현하면 '삼 더하기 오는 팔이다'와

'팔 빼기 오는 삼이다'가 되며, 영어로는 플러스plus와 마이너스minus라고 하는데, 각각 라틴어로는 '더'와 '덜'이라는 뜻이라고 합니다.

외우지 말고 놀자

어쨌든 결론적으로 우리는 기호로 이루어진 수많은 합과 차를 기억해야 합니다. 다른 건 몰라도 일부터 구로 만들어낼 수 있는 모든 짝들의 합을 (기호의 형태로) 알고 있어야 합니다. 한 가지 방법은 이 모든 정보를 표로 만들어 늘 몸에 지니고 다니는 겁니다. 그리고 8 더하기 4가 몇인지 궁금해지면 덧셈표를 꺼내서 답을 확인하면 됩니다. 때로는 빼기도 해야 할 테니 뺄셈표도 필요하겠네요. 물론 유사시에는 손가락을 쓸 수도 있겠지요.

인도-아라비아 숫자 1부터 9로 이루어진 덧셈표와 뺄셈표를 만들어보라.

특이한 패턴이 보이는가?

이렇게 하면 수많은 기호 데이터를 외우는 수고를 덜어낼 수는 있겠지만, 금세 성가시고 지루하게 느껴질 겁니다. 마치 원소 주기율표를 외울 때 쓰던 두문자 암기법처럼, 처음 배우기 시작할 때는 쓸 만한 보조 도구였던 것도 곧 거추장스러운 장애물로 변하게 마련입니다. 외국어 공부할 때를 떠올려보세요. 처음에는 알파벳을 입 밖으로 소리 내어 읽어도 보고 문장을 만들어보기도 하는 단계가 분명 필요하지만, 결국 우리가 얻고자 하는 건 유창한 구사력입니다. 외부장치의 도움이 전혀 없이도 큰 노력 없이 문장을 자연스럽게 이해할 수 있는 능력, 이미 수백 수천 번 접해본 글자의 패턴을 보는 즉시 알아차리는 능력 말입니다. 인도-아라비아 십진법 자릿값 체계 역시 똑같습니다.

사람들이 어떤 방대한 지식을 익혀야 할 때 가장 많이 저지르는 실수가 바로 무작정 외우려고 달려드는 겁니다. (전혀 관심도 없는 아이들에게 억지로 외우라고 강요하는 실수도 빼놓을 수는 없지요.) 지식이란 억지로 머리에 쑤셔 넣어서는 안 됩니다. 물론 내일 아침까지 미국 50개 주의 주도를 모두 외워야만 할 불가피한 이유가 있다면 단순 암기가 필요할 수도 있겠습니다만, 켄터키 주의 주도가 프랭크퍼트라는 사실을 안다고 한들 얼마나 대단한 창조적이고 지적인 세계가 여러분 앞에 펼쳐질까요?

특히나 인도-아라비아 숫자의 합계처럼 일정한 패턴과 상호 밀접한 관계를 갖는 정보를 무작정 외우는 건 단언컨대 좋은 공부법이 아닙니다. 가장 좋은 방법은 그저 숫자를 최대한 많이 가지고 노는 겁니다. 그러면 패턴은 경험을 통해 저절로 습득됩니다. 그 과정에서 이리저리 헤맬 수도 있겠지요. 괜찮습니다. 주기율표를 읽을 때도 그렇고 외국어를 배울 때도 그렇겠지만, 모를 때는 그냥 찾아보면 되니까요.

심지어 계산이 막히는 건 아주 긍정적인 일이기도 합니다. 지금 우리가 하고 있는 것, 그러니까 숫자 정보를 비교하기 쉽도록 재배열하는 일이 정확히 어떤 의미인지를 다시금 살펴볼 절호의 기회이기 때문입니다. 예를 들어, 7+8의 답을 잘 모르겠다고 가정해봅시다. 사실 어떤 대상이 처음에 일곱 개 있었는데 거기에 여덟 개가 더해졌다고 말하는 건 그 자체로 현 상황에 대한 분명하고도 완벽한 진술입니다. 그냥 그대로 두면 돼요. 다시 말해서 7+8은 해결해야 할 문제 상황도, 답을 찾아야 할 문제도 아닌 숫자 그 자체일 뿐입니다.

익숙해지면 재밌어진다

그럼 비교는 어쩌느냐고요? 물론 비교는 또 다른 문제입니다. 숫자를 재배열해야 할 필요는 바로 이 지점에서 나옵니다. 이제 앞의 진술을 비교의 목적에 알맞은 표현으로 바꾸어야 합니다. 예를 들어, 닭 한 마리가 알을 일곱 개 낳았고, 다른 닭은 여덟 개 낳았을 때 그만큼의 계란이 열두 개들이 계란상자에 모두 들어갈 수 있을지, 즉 칠 더하기 팔은 십이보다 큰지를 알고 싶을 때 우리는 숫자를 재배열합니다.

인도-아라비아 체계하에서는 이 수를 십의 묶음과 나머지로 나타내고자 할 겁니다. 그러므로 주어진 문제를 재해석하면 다음과 같습니다. "일곱에 여덟을 더하면 십의 묶음과 나머지가 각각 몇 개씩 생기는가?"

나는 이런 문제를 풀 때 여덟을 완전한 십의 묶음 하나로 만들기 위해서는 몇이 더 필요한가를 생각합니다. 둘을 더하면 되겠죠. 돌멩이에서라면 일곱 개짜리 집합에서 두 개를 빼서 여덟 개짜리 집합에 더하여 열 개짜리 한 묶음을 만들었을 겁니다. 그러면 기존의 일곱 개짜리 집합은 다섯으로 줄어듭니다. 결국 남은 건 열 개짜리 한 묶음과 나머지 다섯, 즉 열다섯입니다. 일곱 더하기 여덟이 열다섯이라는 진술은 곧 일곱과 여덟을 합쳐서 다시 십 단위 묶음 하나와 나머지 다섯으로 재배열할 수 있다는 말과 같습니다. 열다섯이라는 말 그 자체가 열과 다섯을 이어 붙인 말이기도 하고요.

그러므로 숫자에 능통해지고 싶다면 작은 숫자들을 자유로이 가지고 놀며 이들이 다양한 크기의 묶음으로 변환되는 과정에 익숙해져야 합니다. 인도-아라비아 수 체계에서라면 그중에서도 십의 묶음이 가장 중요함은 물론이겠지요. 이렇게 숫자를 기발하게 배열하는 방법들을 이리저리 고민하다 보면 묘한 재미와 만족감도 느낄 수 있습니다. 예를 들어 7, 8, 5, 4, 3, 2를 모두 더해야 하는데, 7의 짝은 3이고 8의 짝은 2라는 사실을 눈치 채면 은근히 기분이 좋습니다. 이제 나머지 4와 5만 더하여 쉽게 29를 도출할 수 있으니까요. 사실은 이십구라는 단어 자체에 이렇게 짝을 찾아 묶는 과정이 내포되어 있습니다. 이십은 그 자체로 십의 묶음이 두 개 있다는 뜻이기 때문입니다.

어쨌든 이렇게 숫자를 새로운 친구라고 생각하고 그들의 행동거지를 눈여겨보면 여러분은 자연히 산수에 익숙해질 겁니다. 그러니 일부러 외우려고 노력할 필요는 전혀 없습니다. 굳이 그러고 싶다면 말리진 않겠지만요.

바나나 부족을 위한 인도식 숫자를 설계해보자.

필요한 기호의 수는 훨씬 적다.

가능한 한 자리 숫자들의 합을 익혀볼 수 있겠는가?

더하고 정리하기

일단은 우리가 한 자리 숫자들의 합을 모두 알고 있거나 또는 표로 만들어 언제나 들고 다닌다고 가정합시다. 이제 아라비아 수 체계의 유연성과 편리함을 확인하기 위해 다음 질문에 답할 수 있는지 생각해보겠습니다. 몸무게가 천팔백사 킬로그램인 코끼리와 육백구십칠 킬로그램인 고릴라를 중량 제한이 이천오백 킬로그램인 화물용 엘리베이터로 옮길 수 있을까요?

먼저 주어진 두 숫자를 계산용 표에 적습니다.

	1	8		4
		6	9	7

첫 번째 숫자는 십의 자릿수가 없고 두 번째 숫자는 천의 자릿수가 없기 때문에 두 칸은 비어 있습니다.

이제 자릿수별 숫자의 합을 구하는 것부터 시작합니다. 어느 자리부터 시작하든 상관없으므로 우선 백의 자리부터 더해보도록 하죠. 여섯과 여덟을 합치면 열넷(즉, 십 단위 묶음 하나와 나머지 수 넷)이라는 사실을 아니까('안다'의 의미가 무엇이든) 구하는 값이 천사백이라는 사실도 알 수 있습니다.

마찬가지로 일곱에 넷을 더하면 열하나이므로(넷으로부터 셋을 훔쳐서 일곱에 더하면 묶음 하나가 나오고 나머지 수 하나가 남습니다) 일의 자릿수는 십일입니다.

이 시점에서 우리가 구한 총합이 일천 천사백 구십 십일이라고 표현해도 전혀 틀린 말은 아닙니다. 헷갈릴지는 몰라도 틀렸다고 할 수는 없어요. 보기 좋게 정렬되어 있지 않아서 다른 수와 비교할 때 불편할 뿐입니다. 그러므로 필요하다면 다음과 같이 써도 무방합니다.

	1	8 6	9	4 7
	1	14	9	11

이건 타불라로 두 숫자를 더할 때 각각의 홈에 칼쿨리들을 모아놓기만 하고 정리하지 않은 상황과 비슷합니다. 이제 최대한 정돈된 정보를 얻으려면 교환이라는 또 하나의 단계를 거쳐야 합니다. 타불라나 주판에서는 돌멩이나 주판알을 움직여서 여기는 비우고 저기는 채우는 식으로 정보를 정돈했었지요.

인도식 계산에서 교환은 기호의 재해석을 의미합니다. 10원짜리 열 개를 100원짜리 하나로 교환하거나, I줄의 칼쿨리 열 개를 X줄의 하나로 교환하는 대신 일의 자리에 있는 십은 십의 자리에 있는 일과 같다는 사실을 이해해야 합니다. 마찬가지로 백의 자리에 있는 십은 천의 자리에 있는 숫자 일과 같습니다.

따라서 위의 표를 다음처럼 쓸 수도 있습니다.

	1	8		4	
		6	9	7	
	1				천의 자리 합계
	1	4			백의 자리 합계
			9		십의 자리 합계
			1	1	일의 자리 합계

각각의 열을 따로 더한 중간합계를 표에 적었다는 점은 다름이 없는데, 다만 백의 자리에 14를 그대로 기입하는 대신 백의 자리의 숫자 십을 천의 자리 숫자 일로 재해석했습니다. 일의 자리 합계도 마찬가지로 재해석했고요. 따라서 이 역시 정답의 또 다른 형태입니다. 하지만 지금도 여전히 숫자는 정돈되지 않은 상태로 사방에 펼쳐져 있으니 할 일이 남아 있습니다. 이제 각각의 열을 모두 더해서 다음의 최종 합계를 얻습니다.

	1	8		4	
		6	9	7	
	1				
	1	4			교환 후 합계
			9		
			1	1	
	2	4			
		1			자리별 합계
				1	
	2	5		1	최종 합계

결국 총 합계는 이천오백일 킬로그램으로 중량 제한을 살짝 넘었음을

알 수 있습니다. 코끼리와 고릴라를 엘리베이터에 직접 태워보기 전에 알게 되었으니 얼마나 다행인가요?

'없음'이라는 기호의 발명

지금까지의 모든 계산 과정을 혐오스럽고도 경악스러운 심정으로 지켜보았을지도 모르겠습니다. 그래요, 너무 길었지요. 엄청나게 비효율적이기도 했습니다. 무엇이든 처음에는 엉망진창이기 마련이지요. 실제 아라비아 숫자가 등장한 이래로 15세기 동안 우리의 수 체계는 그 표기법이나 계산법에 있어 수많은 발전을 거듭해왔습니다.

우선 깔끔하고 신중하며 또 아주 계획적인 사람이라면 무엇보다도 표 자체를 지워버리고 싶을 겁니다. 대신 다음과 같이 열을 맞추어 쓰면 됩니다.

```
18 4
 697
────
```

이것만으로도 시간과 에너지를 상당히 절약할 수 있고 보기에도 더 좋습니다. 하지만 쓸 때마다 애써 가지런히 쓰려고 노력해야 한다는 부담이 있습니다. 그러니 천성이 침착하지 못하다면 계속 표를 그리시기 바랍니다. 노트를 써도 되고, 방법이야 많으니까요.

그런데 표를 지우게 되면 한 가지 애매모호해지는 문제가 생깁니다. 만약 누군가 스물여덟을 2 8이라고 적었다고 해봅시다. 그냥 2와 8 사이에 띄어쓰기를 많이 한 것일까요, 아니면 이백팔을 쓴 것일까요? 혹시 이천팔은 아닐까요? 기호들 사이에 일정한 빈칸을 넣게 하는 표기 체계는 사실 받아들일 수가 없습니다. 그러기에는 인간이 너무 게으르고 부주의하기 때문입니다.

그래서 인도 산수학자들은 아주 멋지고 혁명적이며 우스꽝스러운 해결책을 떠올립니다. 없음을 뜻하는 새로운 기호를 만들어낸 것입니다. 이처럼 숫자 언어에 빈칸을 뜻하는 기호를 포함시킴으로써 우리는 특정 자릿수가 비어있는 건지 아닌지를 분명히 표현할 수 있게 되었습니다.

없음을 뜻하는 기호가 있다는 건 모순적이면서도 영리한 선택입니다. 기존 표현 체계에 새로운 기호가 더해졌을 뿐 아니라 수의 세계 자체에도 부지불식간에 새로운 수 개념이 도입되었기 때문입니다. 그 새로운 수란 바로 '영zero', 즉 레몬이 전혀 없을 때의 레몬의 개수를 뜻합니다. 이해하기 어려운 숫자는 분명 아닙니다. (돈이 한 푼도 없을 때 혹은 집에 초콜릿이 하나도 없을 때의 그 기분, 저도 잘 알거든요.) 다루기 아주 어렵고 복잡한 수도 아닙니다. 영 빼기 영은 영, 이해하지 못하실 분은 없겠죠?

물론 영에는 숫자로서의 실질적인 기능은 없습니다. 인도-아라비아 체계에서 영은 플레이스홀더placeholder, 즉 다른 기호들이 서로 어떤 관계에 놓여 있는지를 알려주는 기호에 불과합니다. 알다시피 인도-아라비아 체계에서 영은 '0'으로 표기합니다. (0은 영어 알파벳의 O와 매우 유사하여 헷갈리는 경우가 있는데, 로마 알파벳을 쓰던 앵글로색슨 문화와 아라비아 문명이 결합하면서 발생한 문제입니다.)

자, 이제는 빈자리를 표시해줄 새로운 기호가 있으니 계산용 표를 다 없애버리더라도 원하는 수를 자유롭게 표현할 수 있습니다. 즉, 28, 208, 2008을 헷갈리지 않고 마음껏 쓸 수 있어요.

머리 좀 잠시 빌리겠습니다

영에 대한 이야기가 나왔으니 말인데, 솔직히 나는 사람들이 왜 그리 호들갑을 떠는지 이해가 안 갑니다. 많은 이들은 '영의 등장'이 수학의 역사에서뿐만 아니라 문명의 발달 과정에서 아주 대단한 기념비적 사건이라도 되는 양 야단을 떱니다. 솔직히 말도 안 된다고 생각합니다. 심하게 말하면 다 헛소리예요. 물론 영을 도입한 덕분에 우리는 계산용 표를 지워버릴 수 있었습니다. 그런데 사실 그 이상도 이하도 아니에요. 좋은 아이디어라는 건 인정합니다. 그러나 정말로 대단한 발견은 숫자 영의 발견이 아니라 기호와 자릿값 체계를 결합한다는 아이디어였습니다. 표를 그리든 안 그리든 그게 중요한 건 아니니까요.

이제 인도-아라비아 숫자의 계산법을 한 단계 더 개선시키려면 계산을 항상 오른쪽에서 왼쪽으로 진행시켜서 교환의 횟수를 최소화하면 됩니다. 일의 자릿수를 먼저 계산하여 십의 묶음이 몇 개 나오는지를 찾고, 그다음 십의 자리 계산으로 넘어갑니다. 이렇게 하면 일단 계산을 마친 자리로는 다시 돌아올 필요가 없습니다. 앞서 살펴보았던 수식을 이 방법으로 계산해보겠습니다.

$$\begin{array}{r} 1804 \\ 697 \\ \hline 1 \end{array}$$

맨 오른쪽 일의 자리부터 시작하면 사와 칠을 더해 십일, 즉 묶음 하나와 나머지 하나가 나오므로 일의 자리에 나머지 수 1을 기입합니다. 이제 십의 묶음 하나가 더 생겨났다는 사실을 기억하고 있다가(기억하는 게 핵심입니다), 기존 십의 자릿수 9에 더하면 십의 묶음은 열 개가 됩니다. 그러면 백의 묶음이 하나가 되고 나머지는 없다는 뜻이므로 십의 자리는 빈 칸이 됩니다. 그러면 다음과 같이 기입합니다.

$$\begin{array}{r} 1804 \\ 697 \\ \hline 01 \end{array}$$

방금 십의 묶음 열 개를 백의 묶음 하나로 바꾸었으니 그 사실도 기억해야 합니다. 얻는 것이 있으면 잃는 것도 있는 법, 손을 덜 쓰는 대신 머리는 더 써야지요.

이제 백의 자리로 넘어갑니다. 팔 더하기 육은 십사이고, 십의 자리에서 넘어온 백의 묶음도 하나 있으므로 총합은 십오, 즉 백의 묶음 열 개와 나머지 다섯 개가 나옵니다. 백의 묶음 열 개는 천, 나머지 수 다섯 개는 오백이므로 백의 자리에는 나머지 5를 기입합니다.

$$
\begin{array}{r}
1804 \\
697 \\
\hline
501
\end{array}
$$

다음 천의 자리 계산에서도 백의 자리에서 넘어온 묶음 하나를 놓쳐서는 안 됩니다. 기존에 있던 천의 자릿수 1과 더하면 총합은 2가 됩니다. 결국 답은 다음과 같습니다.

$$
\begin{array}{r}
1804 \\
697 \\
\hline
2501
\end{array}
$$

앞에서 했던 계산보다는 훨씬 빠르고 쓸 것도 확실히 적지요? 물론 기억력을 조금 더 혹사시켜야 했습니다만 실제로 기억할 거리가 그리 많지도 않았잖아요?

기껏해야 어떤 자리의 합계가 십을 넘겨서 다음 자리로 넘어가는지 아닌지만 기억해두면 되었습니다. 그렇게 어려운 일은 아니지요?

숫자로 바느질을 해보자

내가 쓰는 방법은 가상의 바늘로 바느질을 하는 상상을 하는 겁니다. (심지어 실도 필요 없어요.) 먼저 바늘을 일의 자리 위에서부터 아래로 통과시키며 그 자리에 있는 숫자들을 낚아챕니다.

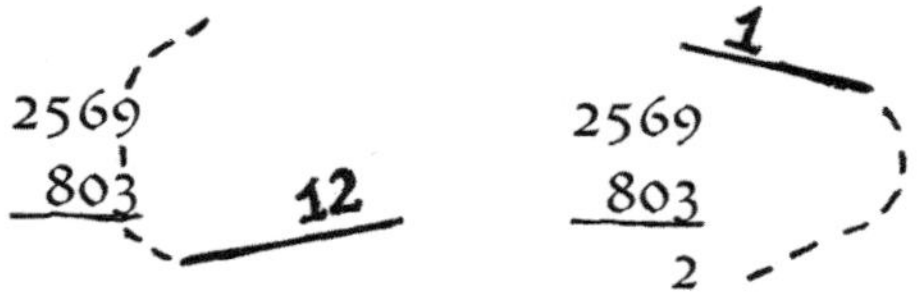

먼저 9를 꿰고, 다음으로 3을 꿰면 바늘에는 총 12가 있습니다. 다음으로 나머지 2를 일의 자리에 떨어뜨리고 1은 십의 자리로 가지고 갑니다. 이제 바늘은 1이 꿰어진 채 십의 자리 꼭대기로 올라가서 십의 자리를 꿰뚫고 지나갑니다. 이렇게 하면 숫자를 교환하고 재해석하는 과정이 아주 간단하게 해결됩니다. 일의 자리에서 10을 뜻하던 1이 이제 십의 자리에서는 그저 숫자 1이 되어버리기 때문입니다.

이 과정을 보통 '받아올림'이라고 부릅니다. 실제로 우리는 가상의 바늘에서 1을 '받아서' 다음 자리로 '올려'주었습니다. 다음으로는 올라온 1을 '활성화'시켜야 합니다. 이제 6은 (머릿속에서) 7로 바뀝니다. 이런 과정을 맨 왼쪽 마지막 자리까지 반복합니다.

핵심은 바느질을 한 땀 할 때마다 1이 꿰어져 있는지 아닌지만 기억하고 시각화하면 된다는 것입니다. 이렇게 바느질의 비유를 쓰면 계산이 왠지 바느질이나 뜨개질처럼 일종의 재미있는 손기술로 느껴진다는 장점도 있습니다. 어쨌든 이게 제가 쓰는 방법입니다. 생각보다 빠르고 정신적으로도 부담이 적으면서도 유용하니 한번 해보세요.

물론 이 정도의 정신적 부담도 느끼기 싫을 수가 있습니다. 바늘 위에 숫자가 있는지 없는지를 어떤 이유에서든 기억하기가 힘들 수도 있지요. 그래서 학교에서 덧셈을 가르칠 때도 다음처럼 해당되는 자리 위에 1을 작게 기입하라고 가르칩니다.

```
1 1
2569
 803
----
3372
```

그런데 솔직히 좀 바보 같아 보입니다. 겨우 1초 전에 더해놓은 1을 기억하기가 그렇게 힘든가요? 물론 누구나 원하는 대로 하면 됩니다만 계산에 정말 능숙해지고 싶다면 그 작은 1은 지워버리는 편이 낫습니다. 종이도 지저분해지고 원래 있던 숫자 1과 헷갈릴 수도 있으니까요. 차라리 주판이나 타불라, 동전 같은 다른 도구를 이용해서 계산을 하세요. 그러면 (교환비율 외에는) 아무것도 기억할 필요가 없습니다.

만약 세 개 이상의 숫자를 한꺼번에 더해야 한다면 문제는 당연히 더 복잡해집니다. 예를 들어 3278, 867, 2389의 합을 구하고자 한다면 먼저 세 숫자를 다음과 같이 나열하겠지요.

```
3278
 867
2389
----
```

그리고 바늘을 오른쪽 첫 번째 자리에 통과시켜 8, 7, 9를 꿥니다. 총합은 24(이 단계에서도 머릿속으로 계산은 필요합니다)이므로, 나머지 4는 일의 자리에 떨어뜨리고 2를 바늘에 꿰어둔 채 다음 자리로 넘어갑니다.

```
3278
 867
2389
----
   4
```

이제 첫 번째 숫자 7은 9로 변하고 거기에 6과 8을 더하여 23이 됩니다. 다시 3을 떨어뜨리고 2는 바늘에 꿰어둡니다.

```
3278
 867
2389
----
  34
```

남겨진 2는 다음 수 2, 8, 3과 합쳐져 15가 되므로 5는 떨어뜨리고 바늘에는 1이 남겠지요. 따라서 마지막 천의 자리의 합은 6입니다.

```
3278
 867
2389
----
6534
```

나만의 계산법을 만들어보자

자, 끝났군요. 얼마나 많은 수를 더하든 똑같은 방식을 적용할 수 있습니다. 유일한 단점은 각 자리별 합계를 기억해야 한다는 것뿐입니다. 이 계산법에 능숙해지고 싶지 않다고 하더라도 완전히 보편적인 계산법을 알아두어서 나쁠 건 없을 겁니다.

물론 나를 포함하여 대부분의 사람들은 체계적인 계산 과정에는 전혀 관심이 없고 그저 머릿속에서 숫자를 재배열하고 교환할 뿐입니다. "2569+803이라…… 먼저 이천오백에 팔백을 더하면 삼천삼백. 다음으로 육십에 십이를 더하면 칠십이가 나오지. 그러면 답은 3372로군." 어느 정도의 집중력과 계산 경험이 필요한 일이지만 대부분의 사람들에게는 충분히 가능합니다.

예를 들어, 나는 가끔 계산을 왼쪽에서 오른쪽으로 합니다. 때로 교환 과정을 다시 거쳐야 하는 경우도 있지만 앞자리의 합계가 너무 커서 아예 끝까지 계산할 필요가 없는 경우도 많기 때문입니다. 여러분은 원하는 어떤 방법을 써도 상관없습니다. 자신만의 계산법을 만들어봐도 좋습니다.

당신은 10세기 지중해에 물건을 팔던 아랍 상인이다. 당신에게는 화물을 최대 800톤까지 선적할 수 있는 배 한 척과 최대 825톤까지 선적할 수 있는 배 한 척이 있다. 실어야 할 화물의 무게는 다음과 같다.

향신료: 152톤

카페트: 721톤

차: 312톤

비단: 465톤

뺄셈을 할 때 머릿속에서 일어나는 일

이제 인도-아라비아 수 체계에서 뺄셈은 어떻게 이루어지는지 알아봅시다. 우리는 또 한 번 ('12 빼기 7은 5'와 같은) 수많은 숫자 정보를 외워야 합니다. 물론 무작정 외우기보다는 돌멩이나 손가락으로 숫자를 가지고 놀다 보면 자연스럽게 익힐 수 있습니다. 모든 값이 머리에 있지 않아도 괜찮습니다. 단어 중에도 도통 익숙해지지 않는 것이 하나쯤은 있지 않나요? 저는 왜 그런지 몰라도 '존재론적인'이라는 단어가 그렇더군요. (에잇! 또 사전 찾으러 가야겠네요.)

어쨌든 지금부터는 경험을 통해 모든 작은 수의 뺄셈 값들을 알고 있다고 가정합시다. (만약 묶음의 크기가 5나 6이었다면 외우기가 훨씬 쉬웠겠지만, 뭐 이제 와서 어쩌겠어요.) 빼기를 할 때 우리 머릿속에서는 어떤 일이 벌어지는지 알아봅시다.

당신은 12세기 아랍의 비단 상인입니다. 얼마 전 노란 비단 1876필과 남색 비단 1422필을 배에 싣고 이탈리아 나폴리에 왔습니다. 며칠 사이 노란 비단은 1551필을, 남색 비단은 973필을 팔았습니다. 남은 비단은 각각 몇 필인가요?

먼저 노란 비단부터 시작하겠습니다. 아주 노련한 상인이라면 암산으로도 충분하겠지만 우리는 스스로의 계산 능력을 별로 신뢰하지 않는 초짜 상인이므로 다음 과정을 거쳐야 합니다. 보통은 주어진 수를 큰 수부터 작은 수 순서로 쓰는 데서 시작합니다.

1876
1551

타불라에서라면 칼쿨리를 필요한 만큼 빼내기만 하면 되었겠지요. I줄에서 하나, L줄과 D줄에서 각각 하나씩, 그리고 M줄에서 하나를 빼냈을 겁니다. 하지만 이제는 순수하게 기호만을 가지고, 즉 기억력만으로 계산해야 합니다.

1876
1551
325

작은 숫자들의 뺄셈 값을 우연찮게 전부 알고 있다면 그 값을 그대로 쓰기만 하면 됩니다. 6 빼기 1은 5, 7 빼기 5는 2, 8 빼기 5는 3이지요. 결국 노란 비단은 325필이 남았습니다.

그런데 남색 비단은 사정이 조금 더 복잡합니다. 먼저 주어진 수는 다음과 같습니다.

1422
973

타불라나 주판을 썼다면 이 시점에서 교환을 시작해야 했을 겁니다. 예를 들어, 현재 I줄에는 칼쿨리가 두 개뿐인데 세 개를 빼야 하므로 X

줄의 하나를 I줄의 열 개(혹은 V줄의 하나와 I줄의 다섯 개로 교환하면 시간을 조금은 아낄 수 있겠지요)와 교환해야 합니다. 그러면 이제 I줄에서 세 개를 뺄 수 있습니다. 이처럼 타불라에서 빼기를 하려면 주어진 정보 중 일부를 작은 단위로 풀어내야 합니다. 그렇게 하더라도 당연히 겉으로 드러나는 형태가 달라질 뿐 수량 자체가 달라지지는 않습니다.

주판에서도 비슷한 작업을 거치는데, 더욱 정교한 기술이 필요합니다. 먼저 십의 자리 주판알 하나를 내리고(즉, 수평막대 바깥쪽으로 밀어내고), 마음속으로 십이 더해졌는데 여기서 셋을 빼야 하므로 결과적으로는 칠을 더해야 한다는 사실을 알아낸 뒤에 일의 자리에서 윗알 하나를 내리고 아래알 두 개를 올려서 표시합니다.

인도-아라비아 체계에서는 이 모든 교환과정이 머릿속에서 이루어집니다. 주어진 십의 묶음 두 개 중 하나를 빼서(이제 남은 십의 묶음은 하나) 일의 자리 낱개 수 열 개로 바꾼 뒤(이제 주어진 낱개 수는 열두 개) 셋을 뺍니다. 그러면 남는 수는 아홉이므로 다음과 같이 씁니다.

$$\begin{array}{r} 1422 \\ \underline{973} \\ 9 \end{array}$$

그나마 헷갈릴 만한 것이라면 십의 자리의 2 중 1을 이미 뺐으므로 남은 십의 자릿수는 1이라는 겁니다. (이 과정을 일반적으로 '받아내림'이라고 부릅니다.)

그래서 심지어 다음처럼 2를 지우고 1을 써넣기도 합니다.

$$
\begin{array}{r}
1 \\
14\not{2}2 \\
\underline{973} \\
9
\end{array}
$$

불과 2초 전에 한 계산을 잊어버릴지 모른다는 두려움 때문에 이런 방법을 쓰는 것일 텐데, 내가 보기에는 어리석은 행동입니다. 괜히 계산 속도만 늦어지는 데다 계산의 대상이 되는 숫자 자체까지 훼손하게 되니까요! 방금 전에 한 간단한 계산을 기억하는 게 그렇게 어려운 일일까요? 정말로 꼭 필요하다면 차라리 받아 내린 숫자에 점을 하나 찍어서 실제로는 표시된 것보다 하나 작은 수라고 표현하는 편이 낫지 않을까요?

그런 시간만 잡아먹는 무의미한 방법을 쓰느니 계산에 집중하는 편이 낫다고 생각합니다. 덧셈을 할 때 바늘에 1이 받아 올라갔는지 아닌지만 기억하면 되었던 것처럼 여기서는 어떤 자리의 수가 받아 내려졌는지 아닌지만 기억하면 됩니다.

약간의 연습만으로도 쉽고 즐거워진다

이제 우리에게 남은 십의 묶음은 하나인데 여기서 일곱을 빼야 합니다. 그러므로 다시 받아내림을 해야겠군요. 백의 자리 숫자에서 하나를 가져와서 십의 묶음 열 개로 바꿉니다. (사실 이게 바로 숫자 백의 정의이기도 합니다. 백이란 묶음의 묶음을 지칭하는 새로운 이름일 뿐이니까요.) 그러면 십의 묶음은 총 열한 개가 되므로 일곱 개를 빼면 네 개가 남는다는 사실을 쉽게 알 수 있습니다.

$$\begin{array}{r} 1422 \\ \underline{973} \\ 49 \end{array}$$

계산이 순조롭게 이어지고 있네요. 백의 자리의 4가 이제는 3이 되었다는 사실만 기억하고 있으면 됩니다. 여기서 구백을 빼야 하므로 한 번 더 받아내림을 하여 백의 묶음을 열세 개로 만듭니다. 다시 아홉을 빼면 남는 백의 묶음은 네 개입니다.

$$\begin{array}{r} 1422 \\ \underline{973} \\ 449 \end{array}$$

수많은 기호 정보를 외우고 암산하고 계산 결과를 기억해서 자리에 맞게 정렬하는 이 모든 과정이 다소 복잡하게 느껴질 수 있지만, 약간의 연습만으로도 계산은 쉽고 즐거운 놀이가 될 수 있습니다. 전에도 언급했듯이 산수는 기호로 하는 뜨개질과 다르지 않습니다. 몇 가지 기본적인 패턴을 계속해서 반복하는 것만으로 가치 있는 결과물(산수의 경우 정보)을 만들어낼 수 있기 때문입니다. 이제 남색 비단이 449필밖에 없다는 사실을 알게 되었으니, 예컨대 주문이 450필 들어오면 받을 수가 없겠군요.

창고에 불이 나서 남색 비단 449필 가운데 288필이 불탔다. 얼마 뒤

좀이 생겨서 남은 비단 중 75필은 삭아버렸다. 술탄이 비단 84필을 주문했다면, 충분한 비단이 남아 있는가?

받아내림이 불가능한 경우

인도-아라비아 수 체계에 대해 짚고 넘어갈 한 가지 중요한 사실은 교환 비율이 일정하다는 것입니다. 각각의 열은 하위 열에 비해 모두 열 배의 가치가 있습니다. 타불라와는 달리 소단위의 개념이 없으므로 어떤 열에서 일을 빼면 하위 열에는 무조건 십이 더해집니다. 그러므로 일단 익숙해지고 나면 십의 자리에서 계산을 하든 백의 자리에서 계산을 하든 방법은 완전히 똑같습니다. 굉장히 편리하죠.

그런데 약간 헷갈리는 경우가 하나 있습니다. 빼기를 하다가 받아내림을 하려고 윗자리를 봤더니 받아 내릴 수가 아예 존재하지 않는 경우입니다. 다음 문제를 풀어봅시다.

$$\begin{array}{r} 2057 \\ \underline{386} \\ 1 \end{array}$$

십의 자리에서 팔을 빼야 하는데 오밖에 없어서 받아내림을 해야 합니다. 백의 자리에서 빌려올 수만 있다면 십오에서 팔을 빼면 될 텐데, 저런! 백의 자리가 비어 있네요.

로마인들이라면 당연히 M줄에서 칼쿨리를 하나 빼서 백의 자리 칼쿨리 열 개로 바꾸고 계산을 이어갔을 겁니다. 우리는 백의 자리에 있는 숫자 0이 실제로는 십이라는 사실을 이해하고 천의 자리 숫자 2를 마음속에서 1로 바꿔 주어야 합니다.

종이에 쓰인 **2057** ⇨ 마음속에서 **1 10 5 7** 로 바꿈

이제 백의 묶음이 아주 많아졌으니 그중 하나를 십의 자리로 다음과 같이 받아 내립니다.

1 10 5 7 ⇨ 1 9 15 7

본질적으로 우리는 이천 오십 칠이라는 숫자를 일천 구백 십오-십 칠로 바꾸어 생각한 셈입니다. 이렇게 뺄셈에 숫자 영이 나오면 아주 약간의 정신노동이 추가됩니다. 좀 헷갈리고 틀리기도 쉬운데, 사실 뜨개질도 그렇습니다. 조금만 방심해도 한 코씩 빼먹어서 기껏 해놓은 걸 다시 풀어야 하는 경우가 부지기수이지요. 그런데 그게 바로 뜨개질의 묘미 아닌가요? 그러므로 종이 위에는 이렇게만 씁시다.

$$\begin{array}{r} \mathbf{2057} \\ \underline{\mathbf{386}} \\ \mathbf{71} \end{array}$$

먼저 백의 자리에서 하나를 빌려오면 십의 묶음은 열다섯 개가 되고, 거기서 여덟을 빼면 일곱이 남습니다. 물론 천의 자리에 1이 남았고, 백

의 자리에 9가 남았다는 사실은 잊지 말아야 합니다. 그러므로 정답은 다음과 같습니다.

$$\begin{array}{r} 2057 \\ \underline{386} \\ 1671 \end{array}$$

답이 나왔을 때 계산이 틀리지는 않았는지 점검해보려면 아래 두 숫자를 빠르게 더해서 맨 위의 숫자가 나오는지 확인해보면 됩니다. 보통 덧셈 속도가 훨씬 빠르니 금세 알 수 있을 겁니다.

더하고 빼는 데 정해진 규칙은 없다

일반적으로 빼어지는 수의 각 자리에 들어가는 숫자는 클수록 좋습니다. 그래야 따로 받아내림을 하지 않고 계산할 수 있기 때문입니다. 그래서 나는 한 자리에 십 이상의 숫자, 심지어 이십 이상의 숫자들을 넣고 뺄셈을 하기도 합니다. 예컨대 453과 866을 더한 뒤 395를 빼야 한다면, 덧셈 과정에서 받아올림을 아예 하지 않고 답을 12 11 9(즉, 십이백 십일십 구)로 적은 뒤에 바로 395를 뺍니다. 그러면 받아내림을 전혀 하지 않고도 924라는 답을 얻을 수 있습니다. 이렇듯 진정한 유창함을 얻기 위해서는 표현 방식에 구애받지 않고 자신만의 방법을 창조해낼 수 있어야 합니다. 여러분도 할 수 있습니다.

5003-2684와 4086-1767 중 어느 것이 더 큰가?

결국 수치 정보를 기호화하고 조작하기 위한 전략은 아주 다양하며, 여러분은 그중 자신에게 가장 잘 맞는 전략을 찾으면 됩니다. 모든 것을 체계나 규칙이라는 관점으로 바라보기보다는 마음껏 활용할 수 있는 도구라고 생각해보세요. 십의 자리에 사십칠을 쓰면 안 된다는 법은 없습니다. 중요한 건 본인이 지금 무엇을 하고 있으며, 얻고자 하는 것이 무엇인지를 아는 것뿐입니다. 그러니 마음껏 즐겨보세요!

또한 인도-아라비아 숫자는 기호와 자릿값 체계가 완벽히 결합되어 있기 때문에 아주 큰 수도 어렵지 않게 다룰 수 있습니다. 고대 이집트와 로마, 일본이었다면 단위가 커질 때마다 새로운 기호가 필요했겠지만 인도-아라비아 수 체계에서는 그런 부담이 전혀 없습니다. 자리만 하나 더하면 되니까요. 원칙적으로 우리는 다음과 같은 천문학적인 숫자까지도 계산할 수 있습니다.

1802246003812579288O5

우리 머리로는 이해할 수조차 없는 이 거대한 숫자를 쉽게 쓰고 계산할 수 있다는 건 얼마나 매력적인 일인가요!

물론 이런 수를 어떻게 읽느냐의 문제는 남습니다. 하지만 숫자 그 자체에 이미 모든 정보가 담겨 있다는 점에서 그리 중요한 문제는 아닙니다. 사실 십, 백, 천과 같은 단위 표현이 반드시 있어야 하는 건 아닙니다. '삼백이십팔' 대신 그냥 '삼-이-팔'이라고 읽어도 무방하고, 때에 따라서는 그렇게 읽는 경우도 많습니다.

아주 큰 단위 명칭으로는 억, 조, 경 등이 있습니다. 동양에서는 관습적으로 숫자를 네 자리씩 끊어 읽으므로 단위 명칭 역시 그에 맞게 만들어졌습니다. 따라서 540261396은 5/4026/1396으로 나뉘고 오억 사천이십육만 천삼백구십육이라고 읽습니다. 반면 서양에서는 단위를 백만million, 천만billion, 조trillion로 세 자리씩 묶으며(인간이란 이렇게 틈만 나면 무엇이든 묶으려고 든다니까요!) 540,261,396처럼 나누어지는 자리마다 쉼표를 붙여서 묶음 표시를 합니다. 유럽에서는 쉼표 대신 마침표를 찍는 경우가 많다고 합니다.

다리가 여덟 개 달린 외계의 문어족이 지구를 정복하여 팔진법을 강제로 도입하였다. 다만 01234567까지의 숫자는 그대로 쓰게 허락해주었다. 이백칠십삼을 이 새로운 체계의 숫자로 표현한다면?

9장

유럽: 단순한 게 좋아

유럽에 전해진 인도-아라비아 십진법

다소 날림이긴 했지만 산수의 역사를 훑어보다 보니 벌써 익숙한 수 체계에 이르렀습니다. 여기부터는 특히 더 신중하고 냉철한 태도를 가져야 합니다. 익숙함이 우리의 시야를 가릴 수 있기 때문입니다. 평생토록 인도-아라비아 십진법 체계 속에서 자라며 끊임없이 똑같은 기호와 배열, 단위 명칭에 노출되어온 우리로서는 진정으로 이해하기보다 관습(그리고 천편일률적 교육)에 젖어들기가 쉽습니다.

무엇보다도 숫자 그 자체, 즉 추상적 의미의 수와 문화적으로 결정된 표현 체계를 분명히 구분해야 합니다. 인도-아라비아식 기호는 결코 신성불가침의 존재가 아니며 인류가 고안한 수많은 기호 체계 중 하나에 불과합니다. 오늘날에도 가장 널리 쓰이고는 있지만 유일하지는 않습니다. 예컨대 탤리 마크나 바를 정正을 써가며 수를 세는 방법 또한 심심찮게 등장하니까요.

숫자는 무한히 다양한 방법으로 표현될 수 있으며, 우리가 수많은 선택지들을 어떻게 받아들이든 한 가지 분명한 사실은, 숫자 자체에는 전혀 변함이 없다는 것입니다. 말하자면 '여섯'은 사람들이 자기를 어떤 괴상한 이름으로 부르든 어떤 기이한 모양으로 표기하든 전혀 신경 쓰지 않습니다. 여섯은 그저 여섯으로서의 성질을 갖춘 실체일 뿐입니다. 짝수이고, 다섯보다 하나 더 큰 수라는 여섯의 본질은 언어나 문화와는 무관하게 존재합니다. 여섯이 구를 뒤집어 놓은 것처럼 생겼다는 진술은 수 자체에 대한 설명이 아니라 아라비아인들이 만들어낸 구불구불한 기호에 대한 묘사에 불과합니다. 그러므로 수의 언어, 특히 십진법적 관점으로부터 해방되면 될수록 여러분은 좀 더 유연하고 수학적인 관점을 갖출 수 있을 것입니다.

수학자로서 나는 숫자를 기호라고 생각하지 않습니다. 심지어 꼭 수량이라고 생각하지도 않습니다. 나에게 숫자는 나름의 행동양식을 가진 생물과 다름없습니다. 그래서 나는 시간을 할애하여 그들의 행동을 관찰하고 연구하며 이해하려고 노력합니다. 상황에 따라서는 숫자를 기호로 표현하기도 하지만 어떤 기호를 고르느냐는 나의 목적이나 미적 감수성에 의해 결정될 뿐, 우연히 지금 유행하는 기호 체계를 무분별하게 따르지는 않습니다. 그러므로 우리는 늘 깨어 있어야 하며, 친숙하다는 이유로 자의적이라는 사실을 잊어서는 안 됩니다.

인도-아라비아 십진법 자릿값 체계는 13세기 초 이탈리아 수학자 레오나르도 피보나치Leonardo Fibonacci가 쓴 『산술교본Liber Abaci』이라는 책을 통해 유럽에 널리 보급되었습니다. 『산술교본』은 유럽 최초의 산수 교과서인 셈입니다.

투박한 로마 숫자에 비해 인도-아라비아 숫자가 가지는 장점은 너무나 명백했지만, 일부 학자들과 회계사들을 제외한 일반 대중이 이 체계를 완전히 받아들이기까지는 오랜 세월이 걸렸습니다. 18세기 말까지도 많은 교양인들이 아라비아 숫자를 너무 까다롭고 어렵다고 여겼습니다.

돌멩이도 주판알도 동전도 없이 기호만으로 계산할 수 있는 수 체계는 종이 가격의 하락에 힘입어 새로운 것이라면 일단 꺼리고 보는 인간의 천성을 이겨내고 마침내 세계를 정복합니다. 문득 오늘날의 수 체계에 개선안이 도입된다면 사람들은 얼마나 기꺼이 받아들이려 할지 궁금해지는군요.

그런데 사실 십진법 체제에 대한 개선안이 실제로 제안된 바 있었습니다. 1789년 프랑스혁명 이후 구체제의 잔재를 모조리 지워버리고 싶었던 혁명 정부는 투표를 통해 로마식 도량형을 전부 폐기하고 좀 더 이성적이고 과학적이며 계몽된 형태의 도량형, 즉 미터법 체제를 도입합니다.

도량형을 십진법에 맞게 통일시키다

미터법의 아이디어는 늦어도 18세기 말경 인도-아라비아 수 체계가 유럽 전역에 널리 받아들여지게 되면서 등장하였습니다. 십진법 체계를 받아들일 거라면 측정의 기준도 모두 일치시키는 것이 이치에 맞지 않겠냐는 생각에서 비롯된 것이었지요.

따라서 1마일은 8펄롱furlong이고, 1펄롱은 220야드이며, 1야드는 3피트, 1피트는 12인치(인치는 다시 4분의 1, 8분의1, 16분의 1인치로 나뉨)로 규정하던 기존의 체제를 버리고 혁명 정부는 당대 최고 과학자들의 조언에 따라 십진법에 기반을 둔 도량형을 채택합니다. 그리하여 1킬로미터는 10헥토미터hectometer, 1헥토미터는 10데카미터decameter, 1데카미터는 10미터가 됩니다. 또한 1미터는 10데시미터decimeter로, 1데시미터는 10센티미터로, 1센티미터는 10밀리미터로 세분하였습니다. 그 결과 도량형을 묶는 단위와 숫자를 묶는 기준이 일치하게 되었습니다. 도량형의 통일에서 중요한 건 숫자 십 그 자체가 아니라 바로 일관성입니다. 그러므로 팔진법 체계를 받아들이고 모든 도량형을 그에 맞게 통일하더라도 지금처럼, 아니 어쩌면 지금보다도 더 편리할 것입니다.

다만 미터법 체계의 모든 단위가 똑같이 널리 쓰이지는 않습니다. 예를 들어, 미터와 킬로미터는 굉장히 자주 쓰이지만 헥토미터는 거의 쓰이지 않습니다. 1미터의 반은 보통 50센티미터라고 하지 5데시미터라고 하지는 않지요. 그러나 이건 취향과 습관에 따른 선택일 뿐이고 중요한 건 측정 단위와 수 체계 사이의 일관성입니다,

그런데 오래전부터 쓰이던 단위 체계가 유지되는 경우도 종종 있습니다. 가장 흥미로운 사례는 바로 시간입니다. 어떤 이유에서인지 우리는 하루를 24시간으로 나누고, 시간은 다시 60분으로, 1분은 60초로 나누

는 관습을 버리지 못하고 있습니다. 그 기원이 고대 바빌로니아의 육십진법인 것은 너무나 분명해 보입니다. 아마 육십진법을 기준으로 시간을 측정하는 방식이 우리 몸에 너무 깊이 뿌리박혀 있기 때문이겠지요? 그런데 길이 단위를 몽땅 바꾸는 것도 모자라서 시간까지 모조리 바꿔버린다면? 더 이상 정오가 열두 시가 아니게 된다면? 사람들은 당장 들고 일어날지도 모릅니다. 당대 프랑스 과학자들도 괜한 혼란을 야기했을 때 벌어질지 모를 또 다른 폭력사태를 두려워했는지도 모릅니다. 단두대는 여전히 무시무시한 주둥이를 벌린 채 서 있었으니까요.

그럼에도 숫자 12와 24, 60을 비롯한 특정 묶음 자체는 전혀 특별하지 않습니다. 하루를 10시간으로 나누고 한 시간을 다시 10분으로 나눈다고 해도 사는 데에는 전혀 지장이 없었을 겁니다. 오늘날의 시간 체계는 다양한 역사적, 문화적 선택의 결과물에 불과합니다. 그 기원 역시 고대 이집트 밤하늘에 비슷한 간격을 두고 빛나던 별자리가 대략 열두 개쯤 되었다는 임의적 사실에서 출발하였습니다. 고대인들은 어떤 별자리가 머리 꼭대기에 떴는지를 통해 시간을 추정했기 때문입니다. 인간의 손가락 수와 별자리의 수가 달랐다는 사실이 너무나 안타까울 따름이지요. 어쨌든 하루를 24시간으로, 한 시간을 60분으로 나누는 체계는 꽤나 공고히 자리 잡았습니다. (가끔은 두 체계 사이에 혼동이 와서 4.59달러에 0.01달러만 더하면 5달러가 된다고 착각할 정도라니까요.)

이처럼 지구가 자전축을 중심으로 한 바퀴를 도는 데에는 일정한 시간이 걸리고, 그 시간을 어떻게 쪼개느냐는 우리의 선택에 달려 있습니다. 우리가 선택할 수 없는 건 1년이 며칠로 이루어지는지, 혹은 달이 한 번 차고 기울기까지 며칠이 소요되는지와 같은 문제입니다. 이는 태양계의 질서에 따라 결정되어 있을 뿐 문화적으로 바뀔 여지가 전혀 없습니다. 그런데 안타깝게도 일 년과 한 달은 일 단위와 딱 맞아 떨어지지를 않습니다. 예를 들어, 일 년은 365일이 아니라 365¼일입니다. 60진법에 심취해 있던 바빌로니아 천문학자들이 1년이 정확히 360일, 즉 60×60일이 아니라는 사실을 알고 얼마나 실망했을지!

바빌로니아의 육십진법을 적용한 또 하나의 사례로 한 바퀴를 360등분한(1도는 다시 시간처럼 60분과 60초로 나뉩니다) 각도 측정법을 들 수 있습니다. 수학자들은 이미 오래전부터 저 멍청하고 임의적인 측정법을 쓰지 않지만 목수, 건축가는 물론이고 과학자와 엔지니어들마저도 여전히 전통적인 각도 측정법을 고수합니다.

영국의 복잡하고 짜증나는 단위 체계

다시 한 번 강조하지만 중요한 건 일관성입니다. 세상을 쪼개고 묶을 때는 역사적 기원에 따른 무작위적인 단위 체계보다는 당대의 기수법과 일치하는 단위 체계를 도입하는 편이 훨씬 편리합니다.

여기서는 일관된 단위 체계가 얼마나 편리한지를 살펴보기보다는 여러 단위 체계를 아무렇게나 섞어 쓰던 구식 단위 체계가 얼마나 불편한지를 살펴보겠습니다. 딱 알맞은 사례로 19세기 영국의 지극히 복잡하고 짜증나는 통화 체계가 있습니다.

역사적 배경을 살펴보면 영국의 전통 단위 체계가 거의 재앙 수준이라는 것이 그리 놀랍지는 않습니다. 에이커부터 온스, 리그league(거리의 단위; 약 3마일), 호그스헤드hogshead(액량의 단위; 238리터) 등 온갖 측량 단위들이 영국을 침략하고 정복하며 각축을 벌여왔고, 그에 따른 문화적 언어적 부작용은 피할 수가 없었습니다. 통화 체계가 바로 그 거대한 부작용 가운데 하나였지요.

2,000년 전 영국에는 은의 무게 단위인 리브라libra에 기반을 둔 로마의 통화 제도가 도입되었습니다. 그리하여 영국 화폐 역시 은의 무게에 연동되었고, 본래 무게 단위만을 뜻하던 파운드는 화폐의 단위를 의미하게 되었습니다. 오늘날 영국 화폐를 £라는 멋들어진 기호로 표시하는 것도, 무게 단위 파운드를 lb라는 약자로 표현하는 것도 모두 이런 역사적 배경에서 비롯되었습니다. 그런데 1파운드는 20실링으로 나뉩니다. (실링의 기호는 로마 동전 솔리두스solidus를 뜻하는 s.입니다.) 또한 1실링은 황당하게도 12페니로 나뉘었습니다. (페니의 기호는 로마 동전 데나리온denarius을 뜻하는 d.를 씁니다.) 그 결과 12페니는 1실링이 되고, 20실링이 1파운드가 되었습니다.

18세기 제인 오스틴의 시대에 쓰이던 크라운crown(5실링 가치의 동전)이나 기니guinea(21실링 가치의 동전) 같은 터무니없는 단위들은 제쳐놓더라도 계산은 이미 끔찍하게 어려워지고 말았습니다.

당신은 1820년 런던에서 슈퍼마켓을 운영하고 있습니다. 어느 날 스미스 부인이 다음의 물품을 구매하기로 했습니다.

진주가 박힌 코담뱃갑: I £ 8s. 6d.

스푼 여섯 개 세트: 13s. 8d.

소금 두 통: 각각 2s. 7d.

은제 촛대 한 쌍: I £ 14s. 4d.

총 구매금액은 얼마이며 부인이 5파운드짜리 수표 한 장을 냈다면 거스름돈은 얼마일까요? 당시 영국에서는 초등학생들까지 이런 계산을 배워야 했습니다. 산수 시간이 얼마나 싫었을까요? 조국이 바다의 패권을 제패하여 해가 지지 않는 나라로 군림하던 바로 그 시절 영국 최고의 구두쇠 스크루지 영감의 어둑어둑한 가게에서 흐릿한 촛불에 의지한 채 터무니없이 복잡한 숫자의 끝없는 행렬을 눈 빠지게 들여다보아야 했던 인물 밥 크래칫Bob Cratchit의 고뇌는 또 얼마나 깊었을까요?

주어진 정보를 파운드, 실링, 펜스 순으로 정리하면(소금은 두 통을 구입했으므로 두 배해야 합니다) 다음과 같습니다.

£	s.	d.
1	8	6
	13	8
	5	2
1	14	4

계산은 늘 하던 대로 가장 작은 단위인 페니부터 시작합니다. 12페니는 1실링과 같으므로 암산으로(안 되면 손가락 발가락을 총 동원해서라도) 합

계를 내면 20페니, 즉 1실링 8펜스입니다.

8펜스는 펜스 열의 맨 밑에 쓰고 실링으로 넘어갑니다. 펜스 열에서 넘어온 1실링을 감안하여 합을 계산하면 41실링이 나오며(화폐의 묶음은 12개 혹은 20개가 기준이지만 합의 규칙은 십진법을 따르고 있습니다. 완전히 엉망진창이군요!), 20실링이 1파운드와 같으므로 2파운드 1실링으로 바꿔 쓸 수 있습니다. 따라서 최종 가격표는 4파운드 1실링 8펜스입니다.

£	s.	d.
1	8	6
	13	8
	5	2
1	14	4
4	1	8

4파운드가 조금 넘으므로 스미스 부인에게는 1파운드에 약간 못 미치는 거스름돈을 드리면 되겠네요. 8펜스만 아니었다면 간단하게 19실링만 드리면 될 텐데, 19실링에서 8펜스를 더 빼야 하니 거스름돈은 정확히 18실링 4펜스입니다. 모자를 살짝 들어올리며 "좋은 하루 되세요, 마님" 하는 것도 잊지 마시고요.

도저히 못 해먹겠네!

영국은 1971년에 와서야 이 괴이한 통화 체제를 포기했습니다. 1파운드는 과거 240페니와 같았지만 이제는 100페니로 조정되었습니다. 왠지 모르게 향수를 자극하던 £1 8s. 6d.(1파운드 8실링 6펜스)는 편리하지만 따분한 £1.425로 바뀌고 나니, 묘한 상실감과 슬픔이 느껴집니다. 키가 6피트 1인치쯤 되고 몸무게는 15스톤stone(영국의 무게 단위; 6.35킬로그램)쯤 되는 통통한 맥줏집 아저씨가 따라 주는 시원한 맥주 1파인트pint(영국의 액량단위; 0.568리터)면 저의 이 슬픔이 모두 달래질 것 같군요!

이쯤에서 인도-아라비아 수 체계의 유용하고도 편리한 확장형에 대해 살펴보겠습니다. 묶음의 크기를 일관적으로 유지하는 것, 즉 십진법을 모든 단위의 기준으로 삼는 것이 합리적이라면 한 단위를 세분할 때에도 같은 기준을 적용하는 것이 좋을 겁니다.

따라서 열 개의 리터가 모이면 1데카리터가 되듯이 1리터는 10데시리터deciliter, 1데시리터는 10센티리터가 됩니다. 마찬가지로 미국의 화폐인 1달러는 10다임dime, 1다임은 다시 10센트가 됩니다.

이렇게 대상을 묶거나 나눌 때 일관성을 유지하면 표기법도 쉽게 확장시킬 수 있습니다. 예를 들어, 백사십이달러 칠십구센트를 표기할 때 기존의 표를 그대로 이용할 수 있습니다.

1	4	2	7	9

다만 중간에 두 줄을 그어 '하나'와 '부분', 즉 달러와 센트를 구분했습니다. 이와 같은 구분선을 통해 기준 단위가 달러인지 센트인지도 알 수 있습니다.

그런데 앞서 숫자 영의 도입으로 표를 그릴 필요가 없어진 것처럼 일

단위 이하의 숫자를 나타내기 위한 좀 더 편리한 방법도 있습니다. 바로 소수점입니다. 위의 수를 소수점을 이용해서 쓰면 142.79가 되고, 우리는 일의 단위인 달러가 둘, 그 십분의 일에 해당하는 다임은 일곱이며 백분의 일을 나타내는 센트는 아홉임을 한눈에 알 수 있습니다.

이로서 주어진 숫자가 얼마나 크든 얼마나 작든 쉽게 기록하고 조작할 수 있게 되었습니다. 숫자가 커지면 왼쪽에 덧붙이면 되고 반대로 작아지면 소수점 오른쪽에 덧붙이기만 하면 됩니다. 과학자들은 고도로 정밀한 측정값을 얻기 위해 소수점 이하 열두 자리까지 기록해야 하는 경우도 있는데, 인도-아라비아 수 체계와 일관적이고 적절한 도량형(즉 미터법)만 있으면 충분히 가능합니다.

일관성이 있으면 좋은 점

환경화학자인 당신은 어떤 도시의 공기 질을 측정하고 있습니다. 채집한 공기 표본 20그램에 다음과 같은 다양한 기체가 포함되어 있다고 합니다.

질소: 15.622g

산소: 4.2g

아르곤: 0.17g

나머지 불순물의 총 질량은 몇 그램일까요?

우선 소수점의 의미를 정확히 알아야 각 자릿값이 의미하는 바를 알 수 있습니다. 이 경우 측정 단위가 그램이었으므로 소수점 바로 왼쪽의 자릿값은 그램(한 단위)이고, 질소 질량의 마지막 숫자인 2의 자릿값은 밀리그램(천분의 일 단위)입니다.

이 수치를 더하려면 우선 자리별로 나란히 써야 합니다. 따라서 다음과 같이 씁니다.

15.622

4.2

0.17

수치에 따라 좌우로 다양한 빈공간이 생기지요? 원한다면 이 빈 공간을 숫자 영으로 채우거나 다음처럼 표를 그려도 됩니다.

1	5	6	2	2
	4	2		
		1	7	

물론 이런 시각적 표현은 부수적인 문제에 불과하지만 심리적으로는 놀라우리만큼 강력한 힘을 발휘합니다. 정말 중요한 건 우리가 기호와 표기법의 의미를 제대로 이해하는가, 표기법을 완전히 장악하여 자유롭고 편안하게 즐길 수 있는가의 문제니까요.

어쨌든 이제 모든 기체의 총량을 간단히 계산해보면 답은 19.992그램, 따라서 불순물의 총량은 0.008그램, 혹은 8밀리그램입니다.

물론 과학계 내부에는 물리적 수치를 측정하고 기록하는 법, 허용오차와 정확도를 표현하는 법 등에 관한 다양한 방법론과 관습이 있겠지만 여기서 논할 필요는 없을 듯합니다. 중요한 건, 일관성 있는 단위 선택에는 많은 장점이 있다는 사실입니다. 굳이 실링과 펜스를 함께 쓰면서 불편을 감내할 필요가 없습니다.

결국 미터법 체계의 궁극적이고도 유일한 가치는 단순하다는 것 그 이상도 이하도 아닙니다. (안타깝지만 시간은 제외하고) 모든 단위를 수 체계에 맞게 십 단위로 조정하면 모든 일은 수월해집니다.

십이라는 숫자 자체는 전혀 중요하지 않습니다. 예를 들어, 나무 부족이 어쩌다가 이집트를 정복하고 거대한 제국을 이루었다면 전 세계적으로 칠진법이 확립되었을 수도 있습니다. 그랬다면 역사의 어느 시점엔가 과학자들은 일곱을 기준으로 모든 것을 묶고 나누는 단위 체계를 도입했겠지요.

십이라는 숫자 자체는 전혀 특별하지 않다

믿기지 않겠지만 칠진법으로 이루어진 세계는 우리의 십진법 세계와 크게 다르지 않을 겁니다. 누군가는 우연히 자릿값을 이용한 계산법과 가치 표기 숫자를 결합하는 아이디어를 떠올렸을 테고, 우리와의 유일한 차이라면 묶음의 크기가 십이 아니라 칠이라는 점, 따라서 숫자기호는 단 일곱 개(혹은 0을 포함하여 여덟 개)라는 점뿐이었을 겁니다.

새로운 기호를 외우다가 미쳐버리기 전에(혹은 나무 부족이 처음에 사용하던 상형문자를 쓰다가 더 미쳐버리기 전에) 아랍 상인들이 나무 부족에게 숫자기호 0, 1, 2, 3, 4, 5, 6을 전파했다고 가정합시다. 이렇게 하면 각 기호의 의미를 바로 이해할 수 있다는 장점이 있지만, 오히려 그 친숙함 때문에 묶음 크기의 중대한 변화를 제대로 인지하지 못할 수 있다는 단점도 있습니다. 그러므로 계속 주의를 기울이면서 칠진법 체계가 어떻게 작동하는지 살펴봅시다.

우선 일곱 그 자체(즉, 한 묶음)는 10으로 표기될 것입니다. 34라는 수는 일곱이 세 묶음, 나머지가 넷인 상태를 뜻하겠지요. 그럼 여러분은 이렇게 말할 겁니다. “아! 그럼 칠진법의 34가 실제로는 이십오네요.” 글쎄요, 맞으면서도 틀립니다. 이 숫자는 우리가 이십오라고 불러온 바로 그 수량과 같긴 하지만 그게 꼭 ‘실제’라고 할 수는 없습니다. 그저 익숙할 뿐이지요. 나무 부족의 후손들은 그 수를 십의 묶음 두 개와 나머지 다섯 개로 인식하지 않습니다. 그들의 숫자 감각은 일곱을 중심으로 진화하였고 표현 역시 마찬가지일 겁니다. 열넷이라는 수가 우리에게는 십과 이십이라는 고결하고 빈틈없는 숫자들의 중간쯤에 자리한, 전혀 아름답지 않은 평범한 숫자에 불과하지만 나무 부족에게는 다릅니다. 열넷은 나머지가 전혀 없는 명쾌한 숫자로서 20이라고 표기하며, 부르기 쉬운 고유의 이름도 있었을 겁니다. 우리가 자연스럽게 ‘열, 스물, 서른’을 세듯이 그들은 ‘한나무, 두나무, 세나무’를 세었을 거예요.

더 나아가 소수점 이하의 숫자에도 칠진법을 적용해볼 수 있습니다. 그럴 경우 12.3이라는 숫자는 기본 단위 1이 아홉 개, 소수점 이하의 하위 단위 0.1이 세 개 모인 수를 뜻합니다. 다시 말해서 12.3은 우리가 구와 칠분의 삼이라고 부르는 수입니다. 이해가 되시나요?

특정한 묶음 체계를 다른 체계로 옮기는 건 아주 복잡하고 기술적인 작업이므로 앞으로도 논의를 이어가야 할 겁니다. 다만 여기서는 십이라는 숫자 자체가 전혀 특별하지 않으며, 인도-아라비아 수 체계와 미터법 체계의 모든 이점은 다른 숫자를 기준으로 하더라도 똑같이 적용되리라는 점을 강조하고 싶습니다.

손 부족과 바나나 부족 역시 자릿값 체계를 발명하였다. 현대 숫자를 이용하여 세 부족에 각각 맞는 형태로 십육, 이십칠, 오십이, 팔십팔을 쓴다면?

A R I T H M E T I C

3부

산수를 알면 수학이 재밌어진다

10장

곱셈: 더하다가 밤새우기 전에

자릿값 체계, 정말 필요해?

언뜻 보기에는 수를 표현하고 조작하는 여러 전략과 선택지들 사이에 별 차이가 없다고 느껴질 수도 있습니다. 반복이든 묶음이든, 쌓아 올리기든 소단위 문자든, 가치 표기법이든 자릿값이든 다 거기서 거기 아니냐고 생각할 수도 있어요. 사실 일상적인 회계나 계산에서는 그 말이 맞습니다. 보드게임을 할 때 어떤 시스템으로 점수를 계산하든 뭐가 중요한가요. 그럴듯해 보이지만 까다롭고 생소한 방식보다는 차라리 울타리 그리기가 편할지 모릅니다. 실제로 산수의 목적(수를 세고 기록하고 비교하기, 수입과 지출 파악하기, 증가분과 감소분 도출하기 등)을 달성함에 있어 앞서 논의한 모든 수 체계는 저마다의 의미를 갖습니다. (제가 얼토당토않게 지어낸 세 부족의 숫자만 빼고) 모든 체계가 역사상 어느 한 시점에는 나름대로 번성하면서 스스로의 가치를 증명했습니다.

그런 점에서 인도-아라비아 십진법 자릿값 체계만이 유독 탁월한 것은 아닙니다. 예를 들어, 우리는 로마 숫자로도 충분히 숙련된 계산능력을 갖출 수 있습니다. 그렇다면 왜 우리는 굳이 기호-자릿값 체계를 쓰는 걸까요? 그것의 진정한 장점이란 무엇일까요? 종이와 연필만 있으면 어디서든 계산할 수 있다는 점을 꼽을 수도 있겠지만 사실 로마 숫자라고 해서 종이와 연필로 계산할 수 없는 건 아닙니다. 종이로 MMDCCLSSVII와 MCCLXXXVI의 합을 계산하기는 그리 어렵지 않습니다. 각각의 기호가 몇 번씩 나오는지를 세고 (타불라 조작법을 머릿속으로 더듬어가며) 암산으로 단위만 바꿔주면 MMMMLXIII를 얻을 수 있습니다. 인도-아라비아식 계산보다 유난히 복잡한 암산이 필요하다고 보긴 어렵습니다.

이처럼 표면적으로는 '가치 표기 숫자들에 자릿값을 부여'하는 아이디어가 별 이득도 없이 괜히 문제만 어렵게 만드는 것처럼 보이기도 합니다.

자릿값 표기법이 분명하고도 강력한 장점을 드러내는 경우는 따로 있습니다. 바로 같은 수가 여러 번 반복되는 상황입니다.

이런 경우는 상당히 흔합니다.

"머핀이 열두 개 팔렸을 때 총 수입은?"

"어떤 상품을 스무 상자 선적했을 때 총 무게는?"

"요리를 3인분 만들 때 넣을 소금의 총량은?"

이렇게 어떤 숫자를 자기 자신에게 여러 번 더해야 하는 상황을 바로 곱셈multiplication(라틴어로 '여러 겹으로 접힌'을 뜻하는 muliplicatus에서 기원)이라고 합니다. 곱셈 '육 곱하기 칠(6×7)'은 사실 일곱을 여섯 번 반복해서 더한다는 의미입니다.

숫자 배치의 예술

이때 두 수의 위치와 관련하여 아주 미묘하지만 중요한 차이점을 기억해야 합니다. 즉, 5×8에서 실제 더해지는 숫자(예컨대 머핀 하나의 가격)는 8이며, 숫자 5는 곱하는 수counter로서 더해지는 횟수를 의미합니다. 그러므로 숫자 5가 8에 '작용'하는 것이지 그 반대는 아닙니다.

이처럼 5×8와 8×5는 의미가 다르다는 점에서 곱셈은 비대칭적입니다. 하지만 놀랍게도 두 계산의 결과는 똑같습니다. 즉, 여덟 개짜리 계란 바구니가 다섯 개 있는 경우와 다섯 개짜리 계란 바구니가 여덟 개 있는 상황은 서로 전혀 다르지만 총 계란의 개수는 동일합니다. 돌멩이를 통해 자세히 살펴보겠습니다.

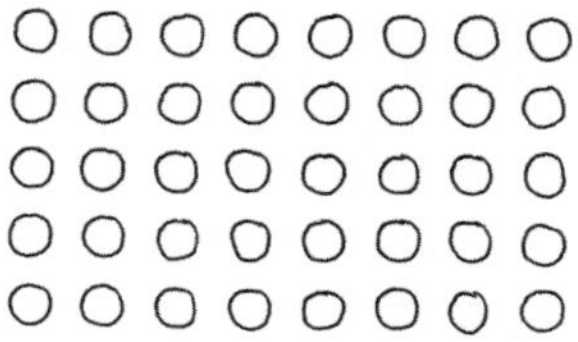

위 그림은 여덟을 다섯 번 반복해서 더하는 상황을 나타냅니다. 한 행에 돌멩이가 여덟 개씩 있고 다섯 번 반복되지요. 그러므로 5×8은 여덟의 다섯 배입니다. 그런데 같은 그림을 다른 시각에서 볼 수도 있습니다. 머리를 살짝 옆으로 돌려 보면 여덟의 다섯 배는 다섯의 여덟 배로 변합니다. 결국 5×8과 8×5의 값은 같습니다. 그런 의미에서는 곱셈이 대칭적이라고 볼 수도 있습니다. 이와 같은 대칭성은 신기하고 매력적일 뿐만 아니라 꽤나 유용하고 중요한 성질입니다.

예를 들어 2의 17배가 몇인지 알고 싶을 경우(즉, 17×2) 해가 뒷동산으로 넘어갈 때까지 한숨을 쉬며 덧셈을 반복하는 대신 식을 2×17로 바꾸면 답은 아주 간단하게 도출됩니다. 곱셈을 돌멩이의 배열을 통해 이해하는 방식은 네모난 땅이나 벽의 넓이를 측정하는 경우에도 똑같이 적용됩니다. 네모를 격자무늬로 나눈 뒤 곱셈을 이용해 총 사각형의 수를 도출할 수 있기 때문입니다.

예컨대 크기가 가로 8피트, 세로 6피트인 화장실 바닥에 타일을 붙이려 한다고 합시다. 타일 한 상자에는 길이가 1피트인 정사각형 타일이 오십 개씩 들어 있습니다. 한 상자만으로 화장실 바닥을 모두 메울 수 있을까요?

화장실 바닥을 1피트짜리 정사각형으로 이루어진 격자무늬로 나누어 보았습니다.

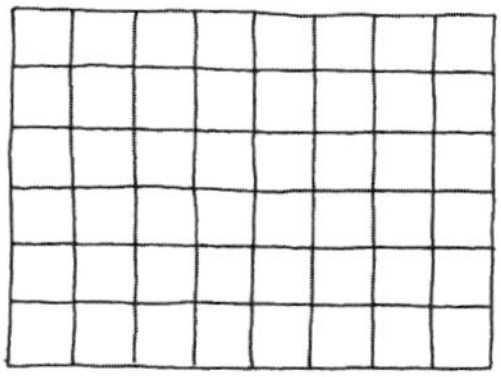

칸이 그렇게 많지는 않으니 하나하나 세어도 사실 몇 초밖에 안 걸립니다. 하지만 이 상황을 곱셈으로 이해해두면 지적 즐거움과 통찰력을 얻을 수도 있고, 큰 수의 곱(예컨대 173×62)을 계산할 때 칸을 전부 세어야 하는 끔찍한 낭비를 피할 수 있습니다.

어쨌든 우리가 알고 싶은 것은 6×8이 50보다 작은지 여부입니다. 여기서 또 한 번 산수의 근본적 문제인 '비교'가 등장하는군요. 한편에는 6×8, 즉 여덟을 한 묶음으로 나타낸 수가 있고 다른 한편에는 오십이 있습니다. 그런데 오십이라는 말은 그 자체로 열 개짜리 묶음이 다섯 개 있다는 의미입니다. 결국 이 상황은 손 부족 사람이 바나나 부족 사람과 교역하는 경우와 전혀 다르지 않습니다. 따라서 묶음의 크기가 서로 다른 두 수를 비교하기 위한 통역이 필요합니다.

우리가 주로 쓰는 방법은 익숙한 십진법에 맞게 '여덟 개씩 여섯 묶음'을 십의 묶음으로 바꾸는 겁니다. 이번에도 돌멩이를 이용해서 시각적으로 확인해보겠습니다.

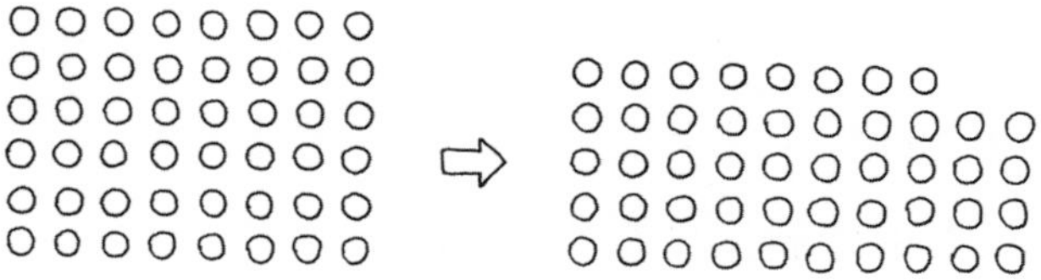

왼쪽 그림 첫 번째 행에 있는 돌멩이를 모두 빼서 오른쪽에 두 개씩 더 놓으면 오른쪽 그림처럼 열 개씩 네 묶음과 나머지 여덟 개가 나옵니

다. 이로써 여덟 개씩 여섯 묶음이 열 개씩 네 묶음 및 나머지 여덟 개와 같은 수임을 알 수 있습니다. 다시 말해서 6×8=48입니다.

그런가 하면 여덟을 여섯 번 더해서 답을 구할 수도 있는데, 무작정 여섯 번을 다 더할 필요는 없습니다. 먼저 8을 두 배하고, 여기에 다시 8을 더하면 24가 나옵니다. 지금껏 세 번을 더했으니 24를 다시 두 배하면 여덟의 여섯 배수, 즉 48이 됩니다. 앞서 내가 산수를 '숫자 배치의 예술'이라고 표현한 것도 바로 이런 창의적인 계산이 가능하기 때문입니다. 즉, 하고자 하는 계산에 어떤 특징이 있는지를 파악하고 그걸 잘 이용하면 삶은 보다 수월해지고 숫자는 더욱 재미있어집니다.

어쨌든 이제 정답이 십의 묶음으로 표현되었으니 타일 오십 개와 비교하기는 아주 쉽습니다. 한 박스만으로도 충분하겠네요. (물론 세상사가 그렇게 만만하지는 않습니다. 몇 개는 실수로 깨먹고, 욕조와 변기 주변에 깔 타일을 자르다가 몇 개 망치고 나면 결국 모자랄 수도 있어요!)

두 배하기가 제일 좋아

곱셈 가운데 아마 가장 흔히 쓰이는 것은 두 배하기doubling, 즉 '같은 숫자를 두 번 더하기'일 겁니다. 물론 두 배하기는 본질적으로 조금 특별한 두 수의 합에 불과합니다. 하지만 실생활에서 너무 자주 등장하기 때문에 사람들은 2배수의 행동 양식을 잘 파악하게 되었고, 특히 작은 수의 2배수에 상당히 익숙해졌습니다. 예를 들어, 여섯의 두 배가 열둘이고 넷의 두 배가 여덟이라는 사실을 모르는 사람은 없습니다. 그런데 이건 어떤 수 체계를 사용하든 마찬가지입니다. 아마 바나나 부족 역시 경험으로부터 나-나의 두 배는 바이며, 나-나-나의 두 배는 바-나-나라는 사실을 잘 알 겁니다.

가치 표기 수 체계에서는 두 배하기가 말 그대로 기호나 계산용 동전, 칼쿨리를 한 번 더 더한다는 뜻입니다. 단위 변환이야 필요할 때 하면 됩니다.

다음 숫자의 두 배 값을 구하고, 각각의 언어로 정답을 쓴다면?

바-바-나-나, 𓍢 𓎆𓎆 𓏿, MCCCLXXVI, 538

특히 이집트인들은 두 배하기를 좋아했고, 2배수를 이용하여 더 큰 수의 곱을 구해내기도 했습니다. 예를 들어, 어떤 수의 세 배를 구하려면 먼저 두 배를 한 뒤 원래 숫자를 한 번 더 더합니다. 네 배를 하려면 먼저 두 배를 하고, 그것을 다시 한 번 두 배합니다. 여섯 배를 할 때에는 두 배를 하고, 다시 그 두 배를 구한 뒤에 두 수를 더합니다.

다섯 배는 어떻게 구할까? 열두 배는?

중요한 건 결국 비교일 뿐

어떤 수에 작은 수를 곱할 때 돌멩이나 동전, 타불라 등 단순한 계산 도구를 쓰면 계산이 쉽습니다. 곱해지는 수를 원하는 만큼 반복해서 늘어놓은 뒤 자리 변환만 하면 되니까요. 반면 주판이나 인도-아라비아식 종이-연필 계산기는 다릅니다. 상당한 기억력과 정신노동을 요합니다. 427의 두 배를 구하려고 할 때 나는 다음의 사고과정을 거칩니다.

"자, 백이 네 개, 십이 두 개, 일이 일곱 개로군. 각각을 두 배하면 백은 여덟 개, 십은 네 개, 일은 열네 개가 된다. 그러므로 팔백 사십 십사이고, 자리를 변환하면 팔백오십사, 즉 854이다."

마찬가지로 427의 세 배는 백이 열두 개, 십이 여섯 개, 일은 스물한 개이므로 답이 1281임을 알 수 있습니다.

이렇게 기호만 가지고 계산을 하려면 "7의 세 배는 21"처럼 한 자릿수의 배수를 모두 알아야 합니다. 좀 귀찮긴 합니다. 묶음의 크기가 10처럼 상당히 크면 외워야 할 배수는 더욱 많아집니다. 하지만 굳이 억지로 외울 필요는 없습니다. 그보다는 숫자와 친해지기, 자기만의 기발한 계산 전략과 경험 쌓기, 가끔 스스로의 멍청함에 좌절해보기를 추천합니다. 그러다 보면 어느덧 아주 능수능란해져서 즐기는 경지에 이른 자신을 발견할 수 있을 겁니다.

다른 어떤 도구도 없이 기호만으로 곱셈하기

물론 곱셈표를 만들어보는 것도 좋습니다. 필요할 때마다 찾아볼 수도 있고, 만드는 과정에서 배수의 재밌는 패턴들을 발견할 수도 있을 테니까요. 하지만 곱셈표를 굳이 다 외우려고 하다 보면 제 풀에 꺾여 산수 공부 자체를 집어치우게 될 수도 있으니 주의해야 합니다. 절대로 그

것 때문에 스트레스를 받지는 마세요. 우리는 정보화 시대를 살고 있습니다. 투르크메니스탄의 수도가 어디인지를 언제든 찾아볼 수 있듯이 7×8도 마찬가지입니다. 7×8, 왠지 항상 헷갈리더라고요!

그래요, 56이죠. 그런데 이쯤에서 몇 가지를 짚고 넘어가야겠습니다. 우선 7×8은 문제가 아니고, 56은 답이 아닙니다. 칠 곱하기 팔은 그 자체로 하나의 수이며 수많은 방법으로 표현될 수 있을 뿐입니다. 지금은 여덟 개씩 일곱 묶음으로 표현되었고, 팔진법을 쓰는 사람들이라면 이 모습 그대로 아주 만족스러워 할 겁니다. 그러므로 "칠 곱하기 팔은 얼마지?"라는 물음은 사실 "여덟 개씩 일곱 묶음을 다른 수와 비교하기 쉽도록 열 개짜리 묶음으로 표현하면 어떻게 될까?"와 같습니다. 이처럼 숫자는 묶음의 크기와는 무관하게 그 자체로서 존재하며 자신의 본성대로 행동할 뿐입니다. 문제는 결국 비교이며, 문화적으로 어떤 표현 방식을 택하느냐는 본질이 아닙니다.

또한 "칠 곱하기 십은 칠십"과 같은 진술은 알맹이가 없는 동어반복에 불과하다는 점도 재미있습니다. '칠십'이라는 단어 자체가 사실 '칠 곱하기 십'의 축약형이기 때문입니다.

언어에는 문화적으로 합의된 묶음 체계가 반영되기 마련이며, 묶음 단위를 지칭하는 명칭은 다른 크기와 수량을 가늠하는 기준이 됩니다. 그러므로 칠십이 "칠 곱하기 십은 얼마인가?"라는 질문에 대한 답이라고 말하는 건 아주 터무니없는 일이 됩니다. 마치 어떤 단어를 사전에서 찾아보니, 단어의 정의가 그 단어 자체로 내려져 있는 꼴이에요. '칠 곱하기 십'이란 어떤 수가 십의 묶음 일곱 개로 표현된 상태를 의미합니다. 따라서 바나나 부족이라면 답을 찾기 위해 이 수를 넷의 묶음으로 재배열하려고 했을 겁니다.

나무 부족 사람들은 칠십을 어떻게 느낄까?

곱셈이 특히 자주 쓰이는 경우는 같은 값의 상품이 여러 개 팔렸을 때입니다. 여기 19세기 은세공업자가 발행한 영수증이 있습니다.

영수증

수량	품목	£	s.	d.
6	은수저, 각각 4s. 5d.	1	6	6
3	코담뱃갑, 각각 1£	3		
2	촛대, 각각 10s. 6d.	1	1	
	총계	5	7	6

은세공업자는 영리하게도 암산만으로 각 단위의 배수를 구했습니다. 곱셈에 상당히 능숙한 사람이었나 보군요.

은세공업자의 계산은 정확한가?

고대 이집트 숫자로 곱셈을

이제 고대 이집트 숫자로 곱셈을 해봅시다. 창고에 밀이 백 말 쌓여 있습니다. 방앗간을 운영하는 당신은 최근 몇 건의 주문을 받았습니다. 빵집 주인이 큰 광주리로 일곱 광주리, 사원에서 작은 광주리로 여덟 광주리를 주문했고, 파라오에게도 큰 광주리로 다섯 광주리를 바쳐야 합니다. 작은 광주리에는 밀 세 말을 담을 수 있고 큰 광주리에는 여섯 말을 담을 수 있습니다. 현재 당신이 가진 밀은 충분합니까?

여기서 해결해야 할 문제는 여섯 개씩 일곱 묶음, 세 개씩 여덟 묶음, 여섯 개씩 다섯 묶음을 모두 합치면 백을 넘느냐입니다.

다양한 계산 방법이 있겠지만 노련한 상인이라면 각 수량을 십의 묶음으로 바꾸고 그 합을 구할 겁니다. 하지만 당신은 아직 암산에 익숙하지 않은 견습생입니다. 그러니 우선 큰 주머니에서 계산용 동전을 한 움큼 꺼낸 뒤 계산대에 각각의 양만큼 늘어놓습니다. 그다음 모든 동전을 합치고 크기별로 잘 나눈 뒤에 필요에 따라 단위를 변환하면 어떻게든 답을 구할 수 있을 겁니다. 하지만 엄청나게 지루하고 기계적인 방법이지요. 이제 좀 더 창의적인 방법을 써봅시다. 여러분은 지금 2배수를 즐겨 쓰는 이집트인이므로 다음과 같이 두 배를 해보겠습니다.

여섯 개씩 한 묶음: |||

여섯 개씩 두 묶음: ||| ||| 또는 ∩ ||

여섯 개씩 네 묶음: ∩ || ∩ || 또는 ∩∩ ||||

이제 위의 수를 모두 더하면 (칠은 '일 더하기 이 더하기 사'이므로) 여섯 개씩 일곱 묶음이 나옵니다. 그 합은 다음과 같습니다.

|||||| ∩ || ∩∩ |||| 또는 ∩∩∩∩ ||

마찬가지로 여섯 개씩 다섯 묶음은 여섯 개씩 네 묶음에 한 묶음을 더한 것이므로 합은 다음과 같습니다.

∩∩ |||| |||||| 즉 ∩∩∩

또한 (셋의 두 배는 여섯이므로) 세 개씩 여덟 묶음이 여섯 개씩 네 묶음과 같다는 사실만 알아채면 따로 계산할 필요 없이 ∩∩ ||||를 얻을 수 있습니다. 따라서 구하고자 하는 밀의 총량은 다음과 같습니다.

∩∩∩∩ || ∩∩∩ ∩∩ |||| 즉 ∩∩∩∩∩∩∩∩∩ ||||||

이는 𓍢보다 약간 작은 값이므로 밀은 충분합니다. 걱정할 필요 없겠어요.

타불라를 이용하여 위의 계산을 해본다면?

틀려도 상관없으니 즐겨라

인도-아라비아 숫자처럼 기호와 자릿값이 결합된 수 체계에서도 계산 방식은 비슷합니다. 다만 계산용 동전이나 돌멩이가 없으니 대신 머릿속에서 기호를 조작해야 합니다.

덧셈과 뺄셈에서도 그랬듯이 기호만으로 계산을 하기란 쉬운 일이 아닙니다. 계산 과정에서 기호가 어떻게 변하는지(예를 들어 6+7=13, 4×3=12)가 머릿속에 완전히 박혀 있어야 합니다.

우선은 아무런 사전지식이 없다고 생각하고 계산해보기 바랍니다. 손가락을 쓰든 돌멩이를 쓰든 탤리 마크를 쓰든 상관없습니다. 그래요, 짜증날 겁니다. 하지만 바로 그 짜증나는 과정을 거쳐야만 지식은 머리에 각인됩니다. 얼마나 오래 걸리든 상관없습니다. 심지어 틀려도 상관없어요. 진정으로 즐기며 숫자와 놀다 보면 결국 이 모든 것에 익숙해질 것입니다.

자, 오늘 이웃에서 중고장터가 열렸는데 마음에 드는 셔츠 세 개를 발견했습니다. 한 장당 가격은 7달러이고, 가진 돈은 20달러입니다. 과연 셔츠 세 개를 다 살 수 있을까요?

여기서 문제는 3×7이 20보다 작은가입니다. 돌멩이를 일곱 개씩 세 줄 늘어놓았다가 첫째 줄에서 몇 개를 빼서 열 개짜리 줄로 만듭니다.

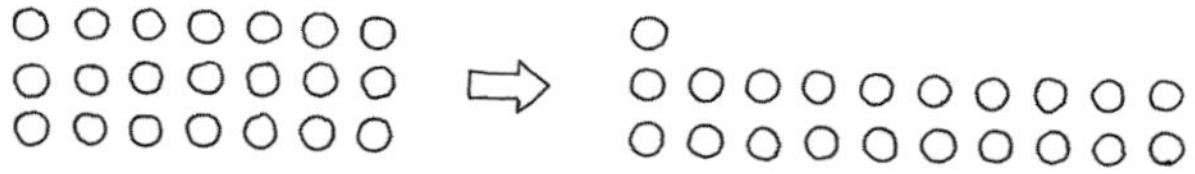

3×7은 21이로군요. 셔츠 한 개는 아쉽지만 그냥 두고 오든지, 친구에게 1달러를 빌리든지, 아니면 흥정을 해야겠네요. 중고장터니까 깎아줄지도 모르죠.

돌멩이를 이용하여 일부터 구까지 숫자들의 두 배와 세 배를 각각 구해보자.

지금까지 살펴본 곱셈에서는 수 체계들 간의 차이가 별로 크지 않았습니다. 반복(탤리 마크)이든 가치 표기 체계(이집트)든 자릿값 체계(로마 타불라나 인도-아라비아 숫자)든 노련한 산수학자라면 누구나 작은 수의 배수를 이용하여 어렵지 않게 답을 찾아낼 수 있었어요. 어떤 문화권에 속해 있든 유능한 서기라면 누구나 백육십삼의 일곱 배를 다음처럼 쉽게 계산해냈을 겁니다.

"먼저 백은 일곱 개다. 여기에 육십의 일곱 배, 즉 열 개씩 여섯 묶음의 일곱 배를 더해야 하는데, 여섯 개씩 일곱 묶음이면 마흔두 개이므로 결국 열 개씩 마흔 두 개가 있는 것과 같다. 그건 곧 사백이십이다. 결국 백의 묶음은 총 열한 개, 십의 묶음은 두 개다. 마지막으로 셋의 일곱 배는 스물하나이므로 총 합은 천백사십일이 된다."

그 후 각자의 문자로 기록하면 끝입니다. 계산이 아주 복잡하거나 헷갈리지만 않는다면 주판이나 타불라는 애초에 꺼낼 필요도 없습니다.

산수의 진짜 재미는 이런 암산에서 옵니다. 물론 실수를 하거나 계산이 중간에 막혀버리는 재미난 경험을 할 수도 있습니다. 산수란 마치 눈

가리개를 한 채 체스를 두는 것처럼 어렵고도 미묘한 놀이이니까요. 산수에는 수없이 많은 규칙과 패턴이 있고, 우리는 그 모든 걸 완벽하게 이해해야 합니다. 하지만 밑져야 본전 아닌가요? 게다가 하다 보면 은근히 재미도 있습니다. 또한 숫자와 조금만 친해지고 나면 그들의 행동 패턴을 보며 숫자 전반에 관한 더 큰 호기심을 갖게 될 겁니다. 말하자면 산수는 수학으로 나아가기 위한 하나의 관문입니다. 그러니 온갖 멍청하고 말도 안 되는 실수를 해가며 숫자를 가지고 놀아보세요. 저도 매일 그러고 있습니다!

인도-아라비아 수 체계에서 5의 배수는 특히 단순한 패턴을 가진다.

그 패턴이라는 어떤 것이며, 왜 유용한가?

십에 가까운 수로서 아홉과 열하나의 배수 역시 흥미로운 패턴을 이룬다.

어떤 패턴인지 찾아보라.

곱셈의 대칭성은 보편적이다

앞의 계산 과정에서 중요한 사실 하나를 짚고 넘어가겠습니다. 육십의 일곱 배수를 계산할 때 우리의 노련한 서기는 흥미로운 방법을 썼습니다. 육십은 말 그대로 '십의 여섯 배'의 축약형이므로 육십의 일곱 배는 사실 십의 여섯 배의 일곱 배입니다. 이처럼 어떤 수에 다른 수를 곱한 뒤 다시 또 다른 수를 곱하는 경우는 아주 많습니다.

이런 '삼중곱'을 형상화하면 삼차원 물체의 부피가 나옵니다. 두 수의 곱을 구할 때 돌멩이를 사각형으로 배열했던 것처럼 4×5×6을 계산할 때에는 다음과 같이 돌멩이를 상자에 채운다고 생각하면 됩니다.

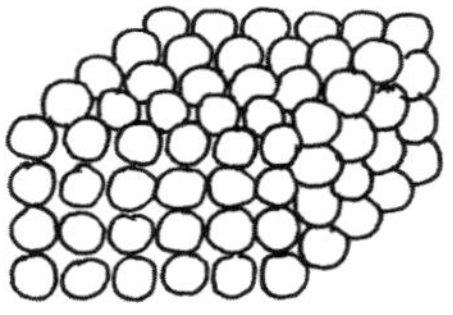

상자 속 돌멩이의 수를 세는 방법은 여러 가지가 있습니다. 먼저 수평의 판이 여러 층 쌓여 있다고 보면 각 층은 5×6의 사각형입니다. 총 네 개 층으로 이루어지므로 결국 돌멩이는 4×(5×6)개입니다. 또는 4×5 크기의 수직판이 여섯 겹 겹쳐 있다고 보면 돌멩이는 총 6×(4×5)개입니다. 마지막으로 4×6 크기의 수직판이 우리를 마주보고 나란히 다섯 겹 서 있다고 볼 수도 있습니다. 그러면 돌멩이는 5×(4×6)개입니다. 결국 두 수의 곱이 대칭을 이루는 것처럼(즉, 4×5=5×4) 여러 수의 곱 역시 대칭적이라는 사실을 알 수 있습니다. 따라서 여러 숫자를 곱할 때 어떤 순서로 곱하든 상관이 없습니다. 괄호를 어디에 쓸지 걱정할 필요도 없으며 창의력을 발휘하여 가장 기발하고 효율적인 순서대로 계산하면 됩니다.

앞의 사례에 적용해보면 7×(6×10)(즉, 육십의 일곱 배)는 (7×6)×10, 즉 십의 묶음이 7×6개라는 뜻으로 바꿔 쓸 수 있습니다. 십의 묶음이 총 마흔두 개인데, 마흔둘 자체가 다시 십의 묶음 네 개와 나머지 두 개로 해석됩니다. 결국 주어진 수는 묶음의 묶음이 네 개, 묶음이 두 개인 수가 됩니다. 십진법 체계에서는 묶음의 묶음을 '백'이라고 부르므로 총합은 '사백이십'이 됩니다. 어때요, 육십을 일곱 번 더하는 것보다는 훨씬 간편하지 않나요?

이처럼 수학자는 반복적이고 지루한 노동을 피하기 위해 언제나 고심합니다. 그 과정에서 흥미로운 추상적 사고를 할 수 있다면 더욱 좋고요. 사실 수학자란 노력에서 벗어나기 위해 노력하는 인간입니다. 그러니 만약 당신이 굉장히 게으른데다 때마침 영리하기까지 하다면(또 하나, 부와 명예, 인기에는 전혀 관심이 없다면) 수학자가 당신의 천직일지도 모릅니다.

분배법칙을 활용하면 쉬워진다

지금 우리는 추상적 의미의 숫자, 특히 곱하기와 관련된 숫자의 행동 패턴을 살펴보고 있습니다. 이쯤에서 누가 봐도 명백하긴 하지만 너무나 중요한 사실을 한 가지 언급하고자 합니다. '이 더하기 삼은 오'라는 명제는 어떤 사물 두 개에 똑같은 사물 세 개를 더했더니 바로 그 사물이 다섯 개가 되었다는 뜻입니다. 예를 들어, 소 두 마리에 세 마리를 더하면 소 다섯 마리가 되고, 징역 2년형에 3년형이 더해지면 총 5년형이 나옵니다.

마찬가지로 두 더즌(일상적으로는 일본식 표기로 '다스' 또는 '타스'로 쓰인다_옮긴이)에 세 더즌을 더하면 다섯 더즌이 됩니다. 말하자면 삼십칠의 두 배에 삼십칠의 세 배를 더하면 삼십칠의 다섯 배가 된다는 말이죠. 그러니까 어떤 수에 다른 두 수의 합을 곱한 값은 다른 두 수를 각각 곱한 뒤에 더한 값과 같습니다. 이를 '분배법칙'이라고 합니다.

$$(2+3)\times 37=(2\times 37)+(3\times 37)$$

언뜻 사소하고 쓸모없어 보일지 모르지만 분배법칙은 계산할 때 아주 강력한 힘을 발휘합니다. 주어진 곱셈을 필요에 따라 여럿으로 나눌 수 있으므로 이 자유를 창의적이고 영리하게 쓰면 계산은 훨씬 단순하고 쉬워집니다.

구체적으로 살펴보기 전에 분배법칙을 돌멩이 그림으로 표현해보겠습니다.

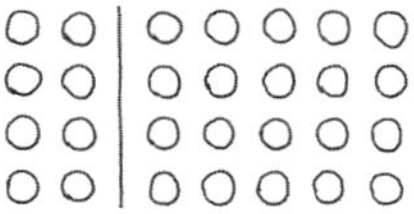

돌멩이는 총 넷의 일곱 배만큼 있습니다. 돌멩이 네 개로 이루어진 일곱 개의 열은 세로선에 의해 둘로 나뉘며, 왼쪽에 2열, 오른쪽에 나머지 5열이 있습니다. 따라서 7×4는 2×4와 5×4의 합입니다.

아니면 같은 그림을 돌멩이 두 개짜리 행 네 개에 돌멩이 다섯 개짜리 행 네 개를 더한 것과 같다고 해석할 수도 있습니다. 기호로는 다음과 같습니다.

$$4 \times 7 = (4 \times 2) + (4 \times 5)$$

다시 말해, 합의 배수를 구할 때는 각 수의 배수를 먼저 구한 뒤에 합해도 됩니다. 햄버거와 캔 맥주를 하나씩 주문했다가 친구가 와서 주문을 두 배로 늘리면, 햄버거와 맥주가 각각 두 배가 되는 것과 같은 이치입니다.

합의 배수는 배수의 합과 같다

또 한가지, 분배법칙은 주어진 수를 몇 조각으로 나누든 똑같이 적용됩니다.

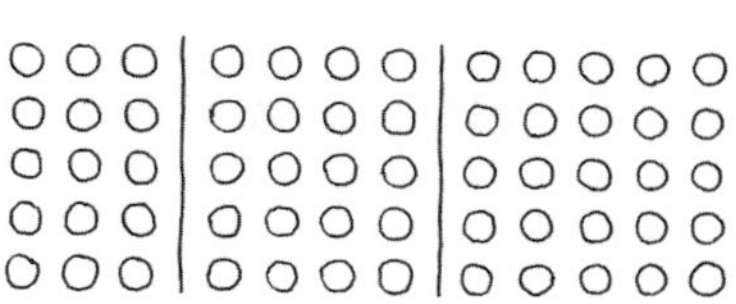

5×12는 5×(3+4+5)이므로 사각형을 (5×3)+(5×4)+(5×5)로 나누어도 돌멩이의 수는 같습니다. 따라서 분배법칙은 완벽히 보편적입니다.

여기서 한 단계 더 나아가 행과 열 모두를 나눈 타일 모양을 만들 수도 있습니다.

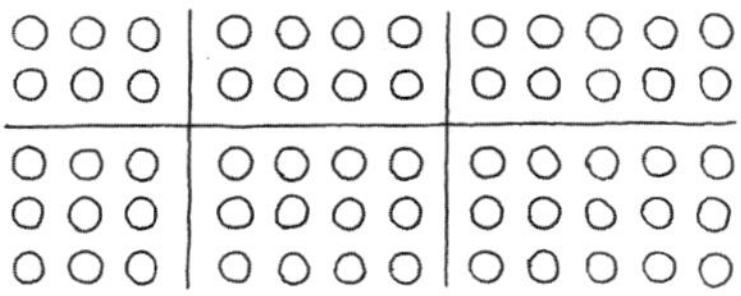

본래 사각형은 위와 같은 5×12인데, 세로가 (2+3)으로, 가로는 (3+4+5)로 나뉘었습니다. 식은 다음과 같습니다.

$$(2+3)\times(3+4+5)=(2\times3)+(2\times4)+(2\times5)+(3\times3)+(3\times4)+(3\times5)$$

첫 번째 합을 이루는 각각의 수에 두 번째 합을 이루는 수를 차례로 곱한 겁니다. 이처럼 '합의 배수는 배수의 합과 같다'라는 분배법칙은 아마 산수 전체를 통틀어 가장 중요한 성질이 아닐까 싶습니다. 물론 배수의 합을 구할 때 가능한 모든 배수의 조합을 빼놓지 않아야 합니다.

세 수의 합으로 이루어진 두 수를 곱하면 어떻게 될까?

그래서 분배법칙이 계산에 정말로 도움이 되느냐고요? 물론이지요. 곱셈의 행동 방식을 좀 더 깊이 이해해보는 경험 그 자체만으로도 사실 큰 도움이 됩니다. 예컨대 분배법칙과 더불어 5×17과 3×17의 값을 각각 알고 있으면, 8×17이라는 문제가 나왔을 때 곱셈을 해볼 필요도 없이 앞의 두 수를 더하면 됩니다. 그러니 아무리 명백한 것이라도 알아두어서 나쁠 건 없습니다.

하지만 분배법칙의 진정한 힘은 일정한 크기의 묶음을 사용하는 자릿값 체계, 즉 인도-아라비아 체계와 결합했을 때 드러납니다. 언제든 쉽게 곱할 수 있는 숫자가 최소한 하나는 있기 때문입니다. 바로 묶음의 단위 그 자체입니다. 아주 중요한 내용이니 자세히 살펴보도록 합시다.

많이 쓰는 데에는 이유가 있다

우리가 이집트식 가치 표기 숫자를 쓴다고 합시다. 이집트 숫자의 묶음 단위는 십으로 일정하며 각 단계별 묶음은 𓏤, 𓎆, 𓍢, 𓆼으로 표현합니다. 그런데 𓍢𓍢 𓎆𓎆 𓏤𓏤𓏤에 묶음 단위를 곱하면 어떻게 될까요? 모든 기호가 열 개씩 생길 겁니다. 물론 그 기호를 전부 종이에 적은 뒤 일일이 단위 교환을 할 수도 있겠지만 훨씬 간단하고 효율적인 방법이 있습니다. 모든 𓏤를 𓎆로, 모든 𓎆는 𓍢로, 모든 𓍢는 𓆼으로 바꾸는 겁니다! 이집트식 연금술이라고나 할까요? (그러고 보니 연금술을 뜻하는 영어 단어 alchemy는 이집트의 옛 이름 Khem에서 기원했습니다.)

묶음의 단위는 항상 십이므로 숫자 일이 열 개 모이면 한 묶음이 됩니다. 일뿐만 아니라 다른 어떤 기호라도 열 개가 모이면 바로 위 단계 기호가 됩니다. 이것이 바로 묶음 크기가 일관적인 수 체계의 가장 큰 장점입니다. 어떤 수에 묶음의 단위가 곱해지면 단순히 기호만 바꿔주면 되니까요. 마찬가지로 주머니 속 천 원짜리 지폐와 백 원짜리 동전에 십을 곱하면 백 원은 모두 천 원으로, 천 원은 모두 만 원으로 바뀝니다. 실링과 펜스라면 계산이 그리 간단하지 않았겠지요.

로마 숫자도 똑같습니다. 십을 곱하면 I는 모두 X로, V는 L로, X는 C로 바뀝니다. 타불라에서는 심지어 더 쉽습니다. 각각의 홈에 있는 돌멩이들을 전부 두 칸 위로 올리기만 하면 되거든요. I줄에 있는 돌은 모두 X줄로, V줄에 있는 돌은 모두 L줄로 옮깁니다. 아주 편하죠?

바나나 부족의 수 체계에서 어떤 수에 묶음 수를 곱하면 어떤 일이 벌어질까?

그런데 그중에서도 가장 간단한 건 바로 인도-아라비아 숫자입니다. 숫자 기호의 가치가 어떤 자리에 위치하느냐에 따라 결정되므로, 십이 곱해지면 주어진 숫자를 그저 한 칸 왼쪽으로 옮기기만 하면 됩니다.

예를 들어 137에 십을 곱하면 다음 그림과 같이 각각의 숫자를 옮겨 줍니다.

	1	3	7
1	3	7	

이제 일의 단위를 나타내던 7은 십의 단위를 나타내는 숫자로 한 단계 '승격'되었습니다. 이보다 더 쉬울 수가 있을까요?

사람들은 보통 어떤 수에 십을 곱하면 끝에 영 하나만 붙이면 된다고 생각합니다. 137은 1370이 된다고요. 물론 맞는 말입니다. 그러나 본질적으로는 숫자가 왼쪽으로 자리를 하나씩 옮기면서 각 기호에 기존보다 열 배씩 더 큰 가치가 부여되었다고 봐야 합니다.

인도-아라비아 숫자의 장점으로 여러 가지(종이와 펜만 있으면 어디서든 쉽게 계산할 수 있고 비용이 거의 들지 않는다는 등)를 꼽을 수 있겠지만 나는 가장 중요한 가치가 바로 여기에 있다고 생각합니다. 동전이나 기호를 바꿀 필요도, 돌멩이를 이 줄에서 저 줄로 옮길 필요도 없습니다. 숫자들이 마치 종이 위에서 춤을 추듯 자리를 옮길 뿐입니다. 인도-아라비아 숫자가 로마 숫자를 정복하고 세계적으로 쓰이게 된 이유도 바로 이것이었습니다.

이처럼 숫자를 자리 옮기기의 관점으로 보면 20, 500, 3000과 같은 숫자는 완전히 새롭게 다가옵니다. 이 숫자들은 한 자릿수, 2, 5, 3과 전혀 다를 바가 없습니다. 예를 들어 500은 사실 5(백)입니다. 당연히 레몬 다섯 개와 레몬 오백 개가 똑같다는 말은 아닙니다. 하지만 두 수는 모두 특정 자릿값이 다섯 개 있음을 의미합니다. 어떤 자리인가의 차이만 있을 뿐입니다.

그러므로 이제부터는 500을 5가 왼쪽으로 두 칸 이동한 값이라고 생각합시다. 20은 2를 왼쪽으로 한 칸 옮긴 값이고 3000은 3을 세 칸 옮긴 값입니다. 한 칸 이동하는 건 '곱하기 십'과 같으므로 3000을 다르게 표현하면 3×10×10×10이 됩니다. 십을 곱할 때 변하는 건 자리뿐이므로 3000의 진정한 본질은 3이라고 할 수 있습니다. 그래서 과학자와 엔지니어들은 이를 '유효숫자significant digit'라고 부릅니다.

유효숫자를 적극 이용하자

이 관점이 유용한 이유는 유효숫자가 하나뿐인 숫자들끼리 곱해졌을 때 아주 간명하면서도 아름다운 광경이 펼쳐지기 때문입니다. 예를 들어 30×200을 계산한다고 합시다. 물론 200을 30번 반복해서 더해도 상관은 없습니다. 하지만 그러면 안 되겠죠? 단순히 지루하고 따분한 일이라서가 아니라 지루하면 계산이 틀리게 마련입니다. 산수의 목적 자체가 머리를 써서 계산을 빠르고, 쉽고, 재밌게 만드는 것이니, 30번을 반복해서 더하는 건 산수의 본질에 어긋나는 행위입니다.

좋아요, 그러면 이제 30×200을 다른 방법으로 계산해봅시다. 그렇다고 30을 200번 더하면 안 돼요! 먼저 다음과 같이 식을 나눕니다.

$$(3\times10)\times(2\times10\times10)$$

곱셈의 대칭성에 따라 다음과 같이 쓸 수 있습니다.

$$(3\times2)\times(10\times10\times10)=6000$$

두 유효숫자(2와 3)를 먼저 곱하고 자리 옮기기는 한꺼번에 한 겁니다. 즉, 3을 한 칸 옮기고 2를 두 칸 옮겨서 두 수를 곱하는 대신, 6을 한꺼번에 세 칸 옮겼습니다. 이제 유효숫자가 하나뿐인 수를 서로 곱하는 건 아주 쉬운 문제가 되었습니다. 이해되시죠?

다음의 곱을 구해보자.

20×40, 30×500, 800×5000

이리하여 우리는 엄청난 시간과 에너지를 절약했습니다! 그런데 이쯤에서 이렇게 중얼거리는 분이 있을 겁니다. “이런 단순한 계산이야 당연히 쉽지. 37×168 같은 복잡한 계산은 어쩔 건데?”

복잡한 계산도 간단하게

이번에는 여러 개의 기호로 이루어진 두 수의 곱을 최대한 빠르고 효율적이며 정확하게(또한 돌멩이나 동전, 주판알의 도움 없이) 구하고자 합니다. 인도-아라비아 숫자에서는 실제로 이런 일이 가능합니다!

위에서 살펴본 자리 옮기기와 쪼개기를 결합하면 됩니다. 비교적 작은 수, 예컨대 12×27부터 시작해봅시다. 이 곱셈을 세로 열두 칸, 가로 스물일곱 칸짜리 사각형이라고 생각해보세요. 이 사각형은 다양한 방법으로 쪼갤 수 있지만, 적어도 십진법의 관점에서라면 각 수를 다음처럼 자릿수별로 나누는 것이 가장 간단하고도 자연스러울 겁니다.

	20	7
10	10 × 20	10 × 7
2	2 × 20	2 × 7

그러면 모든 칸은 유효숫자가 하나인 두 수의 곱으로 채워집니다.

이제 자리 옮기기를 이용하면 다음과 같이 쉽게 계산할 수 있습니다. “10×20=200, 10×7=70, 2×20=40, 2×7=14” 이제 이 모두를 더하면 정답은 다음과 같습니다.

$$12\times27=200+70+40+14=324$$

그래요, 덧셈도 좀 해야 합니다. 게다가 계산 과정에서 지저분한 받아올림과 자리 변환도 필요하고요. 하지만 세상에 거저 되는 일이 어디 있나요? 최소한 이십칠을 열두 번 더하는 것보다는 쉽잖아요!

이 방법의 진정한 힘은 모든 수에 완벽히 적용되는 보편성에 있습니다. 어떤 수를 곱하든 얼마나 큰 수든 상관없습니다. 크고 복잡한 수를 곱할 때의 유일한 차이는 사각형이 더 여러 번 나뉜다는 것뿐입니다.

당신이 피클 공장을 운영한다고 해봅시다. 포장까지 마친 피클 한 상자의 무게는 144킬로그램입니다. 총 56상자를 선적하고자 하는데, 운반용 트럭에 실을 수 있는 최대 중량은 8000킬로그램입니다. 한꺼번에 모두 선적할 수 있을까요?

우리는 56×144가 8000보다 작은지 알아야 합니다. 돌멩이를 한 무더기 가져다가 더하기를 수십 번 되풀이하기보다는 자릿값과 기호 체계를 이용하여 효율적으로 빠르게, 반복되는 노동은 최소한으로 줄여서 계산해봅시다.

먼저 사각형은 다음과 같이 쪼개집니다.

	100	40	4
50	5000	2000	200
6	600	240	24

이제 모든 칸을 알맞은 수의 돌멩이로 채운다고 상상해봅니다. 즉, 50×40 칸의 경우 5×4=20이고, 두 칸 왼쪽으로 옮겨야 하므로 돌멩이는 2000개가 들어갑니다. 이런 식으로 계산하면 선적할 총 피클의 무게는 다음과 같습니다.

$$5000+2000+200+600+240+24=8064$$

중량제한을 64킬로그램 초과하는군요. 이제 위험을 무릅쓰고 피클을 모두 싣느냐 아니면 한두 통을 빼느냐의 선택만 하면 됩니다.

381×44와 598×28 중 어느 수가 더 큰가?

좀 더 효율적으로

이렇듯 기호만을 사용한 계산법을 완벽히 이해하고 나니 인간의 게으른 본성이 다시 고개를 들기 시작합니다. 기존의 계산법을 더욱 단순하게 만들고 싶어서 안달이 나는 거죠. 사실 앞의 계산법은 우리가 대체 무얼 하고 있는지를 분명히 알려주고 선명한 시각적 이미지를 제공해주기는 하지만, 전혀 효율적이지는 못합니다. 일단 쪼개기와 자리 옮기기의 법칙을 완전히 이해했으니 이제 더 이상 모든 것을 그릴 필요는 없습니다.

예를 들어 173 곱하기 254를 구할 때에는 각 숫자들 간의 곱을 (순서에 상관없이) 전부 나열하기만 하면 됩니다. 다만 가능한 모든 곱의 조합을 빼놓지 않고, 자리 옮기는 횟수가 틀리지 않도록 주의해야 합니다.

$100\times200=20000$ $100\times50=500$ $100\times4=400$

$70\times200=14000$ $70\times50=3500$ $70\times4=280$

$3\times200=600$ $3\times50=150$ $3\times4=12$

그런 다음 모든 값을 더합니다. 그런데 위의 수를 잘 정리할 수 있는 방법이 있습니다. 두 수를 위아래로 나란히 쓰고 그 밑에 곱셈 값을 차례로 내려쓰는 겁니다.

173	
<u>254</u>	
12	4×3, 옮기지 않음
280	4×7, 한 칸 옮김
400	4×1, 두 칸 옮김
150	5×3, 한 칸 옮김
3500	5×7, 두 칸 옮김
5000	5×1, 세 칸 옮김
600	2×3, 두 칸 옮김
14000	2×7, 세 칸 옮김
<u>20000</u>	2×1, 네 칸 옮김
43942	

이렇게 하면 모든 곱셈 값이 알맞은 위치에 정렬되므로 마지막에 그대로 더하기만 하면 됩니다. 물론 이런 추상적인 방법보다 돌멩이 채우기가 더 좋다면 그렇게 하세요. 그래도 언젠가는 곱셈 패턴에 아주 익숙해져서 더 이상 상상 속의 사각형이 필요치 않은 날이 올 겁니다. 인간이란 뭐든 완전히 습득하고 나면 지름길을 찾게 마련이거든요.

패턴에 익숙해지면 어렵지 않다

그런데 실제로 우리가 쓰는(아니, 쓰도록 교육받는) 계산법은 이것보다도 더 간단합니다. 암산으로 그때그때 중간합계를 계산하기 때문입니다. 약간의 기억력과 정신노동은 더 필요하지만 그만큼 더 빠르고 공간도 절약됩니다. 한번 살펴볼까요?

먼저 상당히 큰 숫자, 예컨대 1783에 한 자리 숫자 4를 곱한다고 해봅시다. 기존 방식대로라면 다음과 같은 계산과정을 거쳐야 합니다.

```
1783
   4
----
  12
 32
28
4
----
7132
```

다만 영을 생략하고 자리만 맞추어 씀으로써 시간과 공간을 약간 절약했습니다.

한 가지 주목할 것은 각 자리의 곱셈 값이 최대 두 자릿수를 넘지 않는다는 점입니다. 한 자리 숫자의 곱 중 가장 큰 수가 9×9=81로서 두 자릿수이기 때문입니다. 또한 각 행은 바로 위의 행보다 최소 한 칸씩은 왼쪽으로 더 이동한다는 사실을 알 수 있습니다.

이런 성질 덕분에 곱셈을 하면서 동시에 암산으로 중간합계를 내기는 어렵지 않습니다. 직전 자리에서 올라온 한 자리 숫자만 잠시 기억해두고 다음 자리 곱셈을 하면 되니까요.

덧셈에서 썼던 바늘의 비유를 통해 위의 계산을 다시 해보겠습니다.

$$\begin{array}{r} 1783 \\ \underline{\quad 4} \\ 2 \end{array}$$

먼저 맨 오른쪽 숫자의 곱셈 값은 4×3=12입니다. 앞으로도 일의 자리 숫자가 더 생길 일은 없을 테니 총합계의 마지막 자리 역시 2입니다. 그러므로 2를 끝에 씁니다. 그리고 1(사실은 10)은 잠시 마음속에, 아니 바늘에 꿰어둡니다.

이제 다음 땀에서는 4×8을 구하는데 사실 8은 왼쪽으로 한 칸 이동한 수이므로 십이 여덟 개라는 뜻입니다. 따라서 곱셈 값은 한 칸 이동한 32입니다. 앞서 기존 방식대로 계산한 흔적을 살펴보면 12와 왼쪽으로 한 칸 이동한 32를 찾을 수 있을 겁니다. 12의 1과 32의 2가 십의 자리에 위아래로 나란히 서 있는 걸 볼 수 있지요. 32가 실제로는 320이기 때문입니다. 그러므로 바늘에 꿰어져 있던 1은 32에 그대로 더합니다.

선호 방식은 각자 알아서

말로 설명하려니 좀 복잡하게 느껴지는데, 잘 따라오고 계시기를 바랍니다. 어떤 면에서는 여러분이 스스로 알아내는 게 더 좋을 거라고 생각되지만 그래도 이만큼 왔으니 결론이 어떻게 나는지(그리고 제 설명이 얼마나 더 복잡해질 수 있는지) 한번 두고 봅시다.

지금까지의 계산 결과는 다음과 같습니다.

$$\begin{array}{r} 1783 \\ \underline{\quad 4} \\ 32 \end{array}$$

십의 자리에 3(32+1=33의 끝자릿수)을 썼고, 바늘에는 3이 꿰어져 있습니다. 다음으로는 백의 자리에서 한 땀을 뜨면 4×7=28이고, 바늘 위의 3을 더하면 31이 됩니다. 그러므로 백의 자리에 1을 쓰고 3은 다시 바늘에 꿰어 둡니다.

$$\begin{array}{r} 1783 \\ \underline{\quad 4} \\ 132 \end{array}$$

천의 자리는 4×1=4이고 바늘 위의 3을 더하여 7을 얻습니다.

$$\begin{array}{r} 1783 \\ \underline{\quad 4} \\ 7132 \end{array}$$

이 바느질 기법이 쓸 만한 방법인지는 솔직히 나도 잘 모르겠습니다.

사실 나는 앞에서처럼 계산된 값을 모두 적는 방식을 선호합니다. 쓸 게 좀 늘어나긴 해도 훨씬 덜 헷갈리고 정신적 부담도 줄기 때문입니다. 여러분도 각자에게 맞는 방법을 쓰면 됩니다.

이 방식을 두 큰 수의 곱에 적용하면 다음과 같습니다.

```
  1783
   274
  7132
 12481
 3566
488542
```

바느질 기법을 써서 계산하되 중간합계는 반드시 자리에 맞게 써야 합니다. 예를 들어 274의 7은 한 칸 이동한 숫자이므로 7×1783=12481도 한 칸 왼쪽으로 옮겨 씁니다. 마지막에 중간합계를 더해야 하는 건 기존 계산법과 똑같습니다. 그래도 더할 숫자가 상당히 줄어들었지요.

숫자가 엄청나게 커질 경우 두 계산법에는 어떤 장단점이 있을까?

바나나 부족의 곱셈

사실 내가 여기서 말하고자 하는 바는 단 하나입니다. 기호를 이용한 곱셈법은 사각형을 분할하여 곱셈 값을 구하는 방식의 자연스러운 결과이며, 다만 일관된 자릿값 체계에서 어떤 수에 묶음 단위를 곱하면 자리가 이동한다는 성질이 더해졌을 뿐이라는 사실입니다.

무엇보다도 이 계산법은 십진법이기 때문에 가능한 것이 전혀 아닙니다. 묶음 단위가 몇이든 결과는 똑같습니다. 어떤 수 체계에서든 사각형은 더 작은 사각형으로 나눌 수 있으니까요. 이런 사각형의 성질은 수학적 사실일 뿐 문화적 선택의 결과가 아닙니다.

예를 들어볼까요? 만약 바나나 부족이 반복과 가치 표기 체계에서 벗어나 인도식 자릿값 체계를 받아들였다고 해봅시다. 그들은 표를 그리는 수고를 덜고자 빈칸을 영으로 표현하는 아이디어도 받아들였습니다.

이제 바나나 부족은 나머지 수 하나, 둘, 셋을 표현하기 위해 그들만의 가치 표기 기호를 만들어야 합니다. 어떤 기호를 택하느냐는 전혀 중요하지 않지만 최소한 쓰기 쉽고 알아보기도 쉬워야 합니다. 바나나 부족은 다음의 기호를 택했습니다.

O	I	Λ	Δ
영	일	이	삼

(각 기호의 획수가 자신이 나타내는 수과 일치한다는 점에서 마음에 쏙 드는군요.) 이렇게 '넷'에 기반을 둔 새로운 수 체계가 만들어졌습니다. 우리가 스물일곱이라고 부르는 수는 기존 바나나족 언어였다면 ⊞□□\\\과 같이 쓰였겠지만 이제는 IΛΔ로 씁니다.

특히 바나나의 묶음 단위인 넷은 IO이라고 쓰는데 묶음 하나에 나머지 수가 없다는 의미에서 십진법의 10과 같은 형태임을 알 수 있습니다.

한 묶음 이상이 되면 자리가 올라간다는 점도 똑같습니다. 즉 기존 바나나족 언어에서는 숫자 사를 곱하면 \가 □로, □가 田로 바뀌었지만, 자릿값 체계에서는 주어진 수를 한 칸 왼쪽으로 옮기기만 하면 됩니다.

그러므로 바나나 부족의 숫자로 덧셈, 뺄셈, 곱셈을 하는 경우 우리 숫자와의 실질적인 차이는 한 자리 숫자의 합과 곱이 다른 모양을 갖는다는 것뿐입니다. 즉 우리의 3×3=9는 바나나 부족의 언어로 Δ × Δ = ΛI입니다. 또한 다음에서 알 수 있듯이 덧셈표와 곱셈표가 우리에 비해 훨씬 작습니다.

+	I	Λ	Δ
I	Λ	Δ	IO
Λ	Δ	IO	II
Δ	IO	II	IΛ

×	I	Λ	Δ
I	I	Λ	Δ
Λ	Λ	IO	IΛ
Δ	Δ	IΛ	ΛI

외울 것도 많지 않아서 좋네요. 이렇듯 묶음의 크기가 작으면 암기에 필요한 정신노동이 줄어듭니다. 반면 숫자 표현이 다소 길어진다는 단점도 있습니다. 예를 들어, 우리의 1783이 바나나 숫자로는 IΛΔΔIΔ입니다. 숫자가 길다는 건 자리 변환이 더 많이 필요하다는 뜻이고, 이는 곧 계산의 단계가 길어진다는 의미입니다. 결국 묶음의 크기를 줄이면 기억할 것은 줄지만 나중에 계산할 것이 늘어납니다. 물론 이제는 계산 자체가 완전히 기계의 몫으로 넘어갔기 때문에 연필과 종이를 쓰는 산수 그 자체는 이제 구닥다리가 되었습니다. 그러니 여러분도 계산 자체는 딱 원하는 만큼만 연습하세요. 계산 과정에서 엿볼 수 있는 재치 있

고 기발한 아이디어만 이해하면 됩니다.

바나나 숫자에서 Λ, Δ, IΙ의 배수는 특히 깔끔한 패턴을 나타낸다.
어떤 패턴인가? 인도-아라비아 숫자에서 5, 9, 11의 배수와 비교해보라.

4진법의 곱셈쯤이야 식은 죽 먹기

앞서 4×1783 의 상당히 길고 복잡한 계산 과정을 살펴보았지요? 흥미롭게도 바나나 숫자에서는 그야말로 식은 죽 먹기입니다. 묶음 크기가 넷이기 때문입니다. 1783의 바나나식 표현인 **IΛΔΔIΔ**을 그대로 한 자리 올려서 **IΛΔΔIΔO**로 만들면 끝입니다. 다른 바나나 숫자와 쉽게 비교할 수 있음은 물론입니다. (비교하지 않을 거라면 애초에 계산할 이유 자체가 없었겠지요.)

이번에는 더 복잡한 계산, 예컨대 **IΛΛ×ΛΔ**(십진법으로는 26×11)의 값을 구해봅시다. 앞서 배운 계산법에 따라 한 자리 숫자끼리의 곱을 차례로 쭉 나열한 뒤 모두 더하면 다음과 결과를 얻습니다.

```
   IΛΛ
    ΛΔ
  ----
    IΛ
   IΛO
   ΔOO
   IOO
  IOOO
  ΛOOO
 -----
 IOIΔΛ
```

원한다면 바느질 기법을 통해 계산 과정을 좀 더 간단하게 만들 수도 있습니다. 중요한 건, 자릿값과 곱셈은 아주 친한 친구 사이이며 어떤 묶음 단위를 택하든 그들의 우정을 갈라놓진 못한다는 사실입니다. 초기 가치 표기 수 체계들이 곱셈에 이르지 못한 것도 바로 이 때문이었습니다.

이제 묶음의 크기가 극단적으로 작은 이진법의 곱셈에 대해 살펴봅시다. 이진법에서는 필요한 기호가 단 두 가지, 0과 1뿐입니다. 오로지 1+1=10만 기억하면 되고, 복잡한 곱셈표는 애초에 존재하지도 않습니다. 이에 대해 치를 대가는 당연히 숫자가 엄청나게 길어진다는 점입니다. 예를 들어, 십진법의 100이 이진법으로는 1100100입니다. 어떤 수를 두 배하려면 무조건 자리를 올려야 합니다. 곱셈은 유치할 정도로 단순해지지만 상당히 긴 과정을 거쳐야 합니다.

이진법의 110×111을 계산하라. 십진법의 얼마와 같은가?

예상치를 먼저 생각하면 계산이 쉬워진다

덧붙여서 곱셈과 자리 이동에 관한 모든 법칙은 소수점 이하의 수에도 똑같이 적용됩니다. 소수점 이하에서도 묶음 단위는 일관적이기 때문입니다. 예를 들어 1.29달러에 10을 곱하면 12.9달러가 됩니다.

반대로 1.29는 129를 오른쪽으로 두 칸 이동한 수라고 볼 수도 있습니다. 따라서 십으로 나눗셈을 하는 건 곱셈만큼이나 단순한 일이 됩니다.

왼쪽이 아니라 오른쪽으로 방향만 바뀔 뿐이니까요.

많은 경우 사람들은 십을 곱하거나 십으로 나누는 경우 '소수점이 이동'한다고 표현합니다. 틀린 말은 아닙니다. 하지만 실제로 소수점은 그 자리에 머물러 있을 뿐이고 움직이는 건 숫자입니다. 소수점 앞뒤로 움직이면서 그 가치가 변하지요. 미묘한 차이지만 염두에 두세요.

따라서 소수점 이하의 숫자를 다루더라도 계산법은 똑같습니다. 각 숫자의 자리만 신경 써서 지키면 됩니다. 즉, 두 수를 더할 때 소수점은 위아래로 나란히 써야 합니다. 안 그러면 사과에 오렌지를 더하는 꼴이 될 거예요.

이런 점에서 곱셈은 좀 더 단순하다고 볼 수도 있습니다. 계산은 계산대로 하고 자리 이동은 나중에 따로 하면 되니까요. 예를 들어 12×3.85는 그냥 12×385라고 생각하고 계산한 뒤에 오른쪽으로 두 칸 이동합니다. 이 역시 묶음 크기가 일관적이기 때문에 가능한 일입니다. 개념적으로는 아주 추상적인 계산, 예컨대 2.3×4.72도 단위만 다를 뿐 본질적으로는 472의 23배라고 볼 수 있습니다. 그러므로 적어도 계산만큼은 자릿값 고민 없이 하고 정리는 나중에 하면 됩니다.

그런데 이 과정에서 약간의 상식을 발휘하면 계산은 더욱 쉬워집니다. 2.3×4.72를 무턱대고 계산하기 전에 정답을 어느 정도 예상해보는 겁니다. 계산하려는 수가 대략 2와 5의 곱이므로 정답은 10보다 약간 크거나 작을 겁니다. 적어도 백의 자리나 천의 자리가 나올 일은 절대 없을 거예요.

이제 소수점을 완전히 무시하고 23×472를 계산하면 다음와 같습니다.

8000+1400+40+1200+210+6=10856

우리는 정답이 10에 가까운 수임을 이미 알고 있으므로 곧바로 10.856을 도출할 수 있습니다. 소수점의 수를 직접 세어봐도 답은 똑같겠지만 예상치를 먼저 생각해보면 훨씬 빠르게 계산할 수 있습니다.

가끔 (특히 과학 분야에서) 천문학적으로 크거나 작은 수, 근삿값 등을 접합니다. 이런 경우에도 자릿값의 이동을 활용하면 공간을 아낄 수 있습니다. 사십육억이라는 수를 4 600 000 000이라고 쓰는 대신 '4.6을 아홉 자리 옮긴 수'라는 뜻으로 4.6[9]라고 쓰는 겁니다. 예를 들어, 공기 표본 12그램 속에 들어 있는 탄소 원자 개수의 근삿값은 6.02[23]이며, 양성자 하나의 지름을 미터 단위로 쓰면 8.5[-16]입니다. 이렇게 하면 길게 늘어진 숫자 정보를 훨씬 간명하게 표현할 수 있습니다.

이진법 수 110×101.1을 계산하고, 인도-아라비아 숫자로 표현해보라.

바나나 부족의 숫자로는 어떻게 써야 하는가?

11장

나눗셈: 효율적인 분할과 '나머지'의 등장

산수라는 연극무대에서 중요한 것

이제 표현과 기호 조작이라는 주제는 잠시 내려놓고 산수의 진정한 의미에 대해 생각해봅시다. 이미 (어쩌면 너무 자주) 언급했듯이 산수는 비교의 편의를 위해 수를 정렬하는 기술입니다. 보통은 몇 개의 수치가 주어지고, 우리는 그것들을 어떤 식으로든 결합하여 하나의 답을 도출하게 됩니다. 예를 들어, 주어진 두 수에 대하여 그 합을 구하고자 할 수 있습니다. 이때 우리는 본질적으로 두 개의 돌무더기를 한데 모아 큰 돌무더기 하나로 만들고자 하는 것과 같습니다. 이것이 바로 수의 표현이나 언어와는 독립적으로 존재하는 덧셈의 본질입니다. (물론 돌무더기의 수는 얼마든지 늘어날 수도 있습니다.) 즉, 덧셈이란 여러 개의 무더기를 합치는 행위입니다. 마찬가지로 뺄셈은 한 무더기를 두 개의 작은 무더기로 나누는 행위라고 볼 수 있습니다. 단, 나뉜 두 무더기를 다시 합하면 원래의 크기가 나오게 되므로, 그런 점에서 덧셈과 뺄셈은 서로 역방향의 행위입니다.

현대의 산수학자들은 산수가 두 가지 범주로 이루어진다고 봅니다. 바로 '숫자'와 '연산'입니다. 그런데 숫자는 '행위자'이고, 연산은 '행위'입니다. 우리는 쉽게 알아보고 구분하기 위해 행위자에게 이름을 붙이느라 골몰하지만, 사실 산수의 핵심은 숫자의 행위입니다. 숫자가 명사라면, 동사는 바로 연산입니다. 그러므로 산수라는 연극무대에서 중심에 서 있는 것은 바로 연산이며, 숫자는 연산이 작동하기 위한 배경에 불과합니다. 내가 너무 나갔나요? 어쨌든 우리가 진정으로 관심 있고 궁금해 하는 건 바로 다양한 기호의 행위, 즉 연산입니다. 이처럼 현대의 수학자들은 산수의 행위자보다는 행위 자체에 집중합니다.

예를 들어, 덧셈은 추상적 의미의 연산(즉, 여러 무더기를 합치는 것)으로서, 어떤 언어나 표현 방식을 택하는지와 무관하게 그 자체로서 존재합니다. 물론 일단 특정한 표현 방식이 도입되고 나면, 우리는 그 체계 내에서 덧셈이 어떤 모습으로 구현되는지를 연구해야 하며, 빠르고 편한 계산법과 (바늘의 비유 같은) 연상도구 등을 만들어내야 합니다. 지금까지의 논의도 모두 이에 대한 것이었지요. 그렇다고 하더라도 덧셈이란 일련의 기호도, 자리의 변환도 아닙니다. 그것은 다만 여러 무더기를 합치는 행위입니다.

덧셈은 우리가 숫자로 할 수 있는 가장 단순하고 기본적인 연산입니다. 두 무더기를 하나로 합치는 것보다 더 기초적인 계산이 뭐가 있겠습니까? (사실 덧셈보다 더 기초적인 활동이 하나 있긴 합니다. 산수의 필수불가결한 요소, 바로 비교입니다. 비교하지 않을 거라면 173×248을 굳이 재배열할 필요도 없습니다.) 덧셈은 돌멩이 두 무더기를 가지고 할 수 있는 가장 단순한 작업입니다. 그리고 뺄셈은 덧셈의 반대, 즉 큰 무더기를 두 개의 작은 무더기로 나누는 것에 불과합니다.

반면 곱셈은 좀 복잡합니다. 두 개의 돌무더기가 있을 때, 그중 한 무더기는 다른 무더기의 복사본이 몇 개나 만들어져야 하는지를 알려주는 역할을 합니다. 혹은 두 개의 돌무더기가 네모나게 늘어놓은 돌멩이들의 행과 열이라고 볼 수도 있습니다. 따라서 두 무더기의 곱은 곧 네모 속 돌멩이 수와 같아집니다. 이처럼 곱셈은 덧셈에 비해 다소 간접적이며, 말하자면 덧셈의 변종이라고 볼 수 있습니다. 곱셈이 대칭적(5×6=6×5)이라는 사실 또한 주목해야 합니다. 단지 편리하기 때문만이 아니라 (현대의 행동주의적 관점으로 보았을 때) 연산 그 자체가 가진 놀랍고도 멋진 특징이기 때문입니다. 이처럼 곱셈은 지극히 아름다운 연산이자 산수라는 문법 체계를 구성하는 또 하나의 동사입니다.

곱셈에게도 짝을 만들어주자

그런데 흥미롭게도 많은 동사가 또 하나의 동사를 만들어냅니다. 문을 잠그면 어느 시점엔가는 문을 열어야 하고, 끈을 묶었으면 조만간 풀어야 합니다. 거의 대부분의 행위는 반대 행위를 낳습니다. 이런 성질은 수학의 세계에서도 자주 등장합니다. 수학의 세계에서는 대칭성이 아주 중요한 성질로 여겨지며, 또한 상상 속의 세계에는 원한다면 언제든 지난 행위를 되돌릴 수 있는 자유가 있기 때문입니다.

따라서 뺄셈은 언어학적으로 거의 필연적인 결과라고 볼 수 있습니다. 일단 덧셈의 존재를 알게 된 이상 “여기에 얼마를 더하면 저 값이 나오지?”라는 질문을 피할 수는 없습니다. 그러고 나면 덧셈의 반대 행위를 하고자 하는 욕망이 곧장 튀어나옵니다. 말하자면 걷는 법을 배운 두 살배기가 어느 날부터인가 뒤로 걸어보겠다고 고집을 부리는 것과 같습니다.

위가 있으면 아래가 있고, 시계방향이 있으면 반시계방향도 있게 마련이듯이, 결국 모든 연산, 활동, 변환에는 그 반대 행위, 즉 역연산에 대한 암묵적 가능성이 존재합니다. 『성경』의 어느 구절대로 돌을 던져버릴 때가 있으면 돌을 거둘 때도 있는 법입니다.

그러므로 어떤 것을 갑절로 늘리는 연산에 대한 반대작용 역시 자연스럽게 나타납니다. 산수에서 상당히 자주 등장하는 연산, 바로 분할입니다. 여러분에게 아주 쫄깃쫄깃해 보이는 젤리 한 봉지가 생겼습니다. 그런데 바보같이(‘너그럽게’라고 해둘까요?) 친구놈들 여섯에게 젤리를 나누어주기로 약속했습니다. 괜히 치사하다는 소리를 안 들으려면 일곱 명이서 젤리 한 봉지를 똑같이 나눠야 합니다.

분할이 재미난 이유는 똑같이 나누기만을 바랄 뿐 각자 몇 개씩 가지게 될지 전혀 알지 못하기 때문입니다. 물론 베일에 싸인 숫자가 몇이든 그 일곱 배는 원래의 젤리 수와 맞아 떨어져야 합니다. 이처럼 분할은 곱셈의 역연산입니다.

분할을 산수계의 전문용어로는 나눗셈(영어로는 division, '분리된'이라는 의미의 라틴어 divisus에서 기원)이라고 합니다. 예를 들어, 한 봉지에 젤리가 총 이백사십팔 개 들어 있다면 일곱 명이서 어떻게 나누어야 할까요? 곱하는 수를 알고, 총계도 아는 상황에서 각자의 몫은 어떻게 구해야 할까요? 다시 말해, 248을 7로 나누면 몇이 나올까요?

먼저, 봉지가(그리고 당신의 마음도) 텅 빌 때까지 돌아가며 하나씩 나눠주는 단순한 방법이 있습니다. 이 방법의 문제는 너무 오래 걸린다는 점입니다. 물론 주어진 젤리가 몇 개 안 되면 상관없습니다. 빠르고 쉽고 정확하다는 점에서 오히려 이상적이지요. 하지만 젤리가 너무 많을 때 이런 방법을 쓰다가는 스트레스로 제명에 못 죽을 수도 있습니다. (사람들이 나눠 갖기를 싫어하는 건 이 때문이 아닐까요? 공산주의가 망한 이유도 실은 짜증나는 산수 때문은 아닐까요?)

다행히 더 효율적인 방법이 있습니다. 돌아가며 하나씩 나눠 주는 대신 한 번에 두 개나 세 개씩, 아니면 한 주먹씩 나눠 주는 겁니다. 그러면 빠르기도 훨씬 빠르고, 공산주의적 유토피아에 대한 희망의 끈을 놓지 않을 수도 있습니다.

그런데 문제는 사람들이 너무 욕심을 낸다는 겁니다. 젤리 욕심이 아니라 효율성에 대한 욕심 말입니다. 한 번에 더 많은 양을 나눠 줄수록 일은 더 빨리 끝납니다. 그런데 그러다 보면 한꺼번에 너무 많이 나눠 주는 바람에 마지막 사람까지 공평하게 나누지 못하는 경우가 생깁니다. 그래서는 안 되죠. 제 경험상 사람들이 진짜 싫어하는 게 있다면 바로 줬다 빼앗는 거거든요.

우리는 흥미로우면서도 아주 곤란한 상황에 빠지고 말았습니다. 가능하면 한 번에 많이 나눠 주고 싶은데 조금만 욕심이 지나치면 친구들의 원성을 사게 됩니다. 그러므로 효율적인 분할의 필요조건은 예측하는 능력, 즉 한 번에 얼마큼씩 나눠 줘야 중간에 바닥나지 않을지를 대략적으로 아는 능력입니다.

나누기의 매력은 '나머지'

나누기의 매력적이면서도 짜증나는 또 한 가지 특징은 '나머지'가 생길 수 있다는 것입니다. 즉, 일곱 명이 모두 똑같이 나눠 가진 후에도 젤리가 두세 개 남을 수 있습니다. 분할이 동등하게 이뤄지지 않는 겁니다. 이 나머지를 어떻게 처리하느냐는 물론 상황에 따라 다릅니다. 공평함을 중시한다면 나머지는 개한테나 던져 줘야겠지요. 결국 나눗셈의 보편적인 문제는 전체를 어떻게 효율적으로 나눌 것인가, 그리고 나머지는 몇 개인가 입니다.

우선 책상에 내용물을 전부 쏟아 놓고 일곱 개의 똑같은 더미를 만들어보면 되지 않을까요? 먼저 열두 개씩 일곱 더미를 만듭니다. 그다음에는 한 더미에 다섯 개씩을 나눠 주고, 또 다음에는 두 개씩을 나눠 주는 식으로 이어갑니다. 그러다 보면 어느 순간 모두에게 나눠 줄 수 없을 만큼 적은 젤리만이 남습니다. 이게 바로 나머지가 됩니다. 가끔 운 좋게 나머지가 없는 경우도 있습니다. 그럴 때는 언제나 기분이 좋습니다. (개 입장에서는 얘기가 달라지겠지만.)

가치 표기 체계에도 비슷한 과정을 적용할 수 있습니다. 예를 들어, 고대 이집트의 계산용 동전을 활용하여 나눗셈을 하는 경우입니다. 실생활에서는 직접 나눠 줄 대상이 존재하지 않거나 나눠 주기가 좀 곤란한 경우(예컨대 염소)도 많습니다. 이럴 때 실제 사물을 계산용 동전으로 대체하여 나누기를 합니다. 물론 우리가 관심 있는 건 숫자 그 자체이므로, 동전은 언제든 다시 염소로 바꿀 수 있습니다.

이번에는 이집트의 염소지기가 되어보겠습니다. 총 𓍢𓍢𓍢𓍢𓍢𓍢𓍢 𓎆𓎆𓎆𓎆𓎆𓎆 𓏺𓏺𓏺마리의 염소를 다섯이서 나눠 갖기로 했습니다. 각자 받게 되는 염소와 나머지는 각각 몇 마리일까요?

계산용 동전을 이용하여 나눗셈을 해봅시다. 먼저 𓍢동전을 각자의 몫으로 하나씩 총 다섯 개 늘어놓습니다. 다음으로 𓎆동전 다섯 개를 하나씩 분배합니다.

𓍢𓎆　　𓍢𓎆　　𓍢𓎆　　𓍢𓎆　　𓍢𓎆

이제 남은 염소는 𓍢𓍢 𓎆 𓏺𓏺𓏺마리입니다. 더 이상 다섯 개 이상 남은 기호는 없으므로 동전의 단위를 변환해야 합니다. 즉, 𓍢동전 하나를 𓎆동전 열 개로 바꾸면 𓎆동전은 총 스물한 개가 됩니다. 이십은 넷의 다섯 배이므로 한 더미에 네 개씩 더 나눠 주면 각 염소지기의 몫은 다음과 같습니다.

𓍢 𓎆𓎆𓎆　𓍢 𓎆𓎆𓎆　𓍢 𓎆𓎆𓎆　𓍢 𓎆𓎆𓎆　𓍢 𓎆𓎆𓎆

이제 𓎆𓏺𓏺𓏺개의 동전이 남았습니다. 마지막으로 𓎆동전을 𓏺동전 열 개로 바꾸어 두 개씩 더 나눠 주고 나면 세 개가 남습니다. 결국 염소지기 한 명이 받게 될 염소는 𓍢 𓎆𓎆𓎆 𓏺𓏺마리이며, 나머지 세 마리는 자축하는 의미로 염소 스프를 끓여 먹으면 됩니다. 남는 건 뼈다귀뿐이겠군요.

파라오가 𓍢𓍢𓍢 𓎆𓎆𓎆 𓏺𓏺𓏺𓏺개의 보석팔찌를 세 딸에게 똑같이 나눠 주려고 한다.
공주 한 명당 팔찌의 개수는? 남는 팔찌는 몇 개인가?

곱셈아 도와줘!

위의 나눗셈 기법은 반복적으로 되풀이된다는 특징이 있습니다. 각 단계마다 나누어질 수와 나누는 수가 주어집니다. 대략 몇 개씩 나눠 줄 수 있는지를 예상하여 나눠 주고(예상치는 좀 낮게 잡아야 안전합니다), 전체에서 그만큼을 뺀 뒤 똑같은 과정을 반복합니다. 예상치가 클수록 더 빠르겠지만 중간에 모자랄 위험도 그만큼 커집니다. 반면 예상치를 너무 낮게 잡으면 안전하기는 하지만 나누는 과정이 너무 오래 걸려서 짜증이 날 겁니다.

이제 인도-아라비아 숫자에 같은 기법을 적용해보겠습니다. 앞서 젤리의 사례로 다시 돌아가서 젤리 248개를 7명에게 나눠 주기로 합니다. 가능한 한 단순하고 효율적으로 계산해봅시다. 중간에 한 사람당 이미 몇 개를 받았는지, 남은 젤리는 몇 개인지를 잊어버리지 않기 위해 다음과 같은 표를 만들어보겠습니다.

한 사람당 받은 젤리 수	남은 젤리 수
	248

나누기를 시작하기 전의 상황입니다. 막막하군요. 우리 손에는 실제로 배열하고 분배할 대상이 아무것도 없습니다. 돌멩이도 동전도 없이 기호만으로 어떻게든 나눠야 합니다.

뿐만 아니라 예상치와 총계 역시 기호로 알아내야 합니다. 다시 말해서 248이라는 기호만 보고서 일곱 명에게 각각 몇 개씩 주면 될지 감을 잡아야 하고, 총 몇 개를 나눠 주게 되는지도 알아내어 나머지까지 구해야 합니다. 과연 가장 효율적인 방법은 무엇일까요?

너무 어렵게 생각하지는 마세요. 한 번에 몇 개씩을 나눠 주든 7을 곱해야 하므로 곱셈이 쉬운 수를 택하는 게 좋습니다. 예를 들어, 8이나 400처럼 유효숫자가 하나인 숫자만 사용하세요. 그러면 좀 오래 걸릴 수는 있지만 적어도 잡다한 계산을 할 필요는 없습니다.

이렇게 게으른 자의 계산법을 택하더라도 유효숫자가 하나인 수의 곱이 대략 어느 정도 크기인지에 대한 감은 있어야 합니다. 그리고 그건 언어를 배울 때와 마찬가지로 연습을 통해서만 얻을 수 있습니다. 내가

7×3=21이라는 사실을 아는 건 드릴로 머릿속에 박아 넣었기 때문이 아니라, 숫자를 좋아하고 그 성질에 관심이 많기 때문입니다. 수년에 걸쳐 숫자에 관한 정보들은 제 머릿속에 새겨졌습니다. 특히나 제 일생일대의 목표인 재미의 추구에 적합한 정보라면 더욱 강하게 각인되겠지요.

정리해보자면 우리는 총 248개의 젤리를 7명에게 나눠 줘야 하며, 따라서 7을 곱했을 때 248에 가까워지는, 하지만 248보다 커지지는 않는 단순한 숫자(즉, 유효숫자가 하나인 숫자)를 찾아야 합니다. 클수록 좋지만 그 일곱 배가 248을 넘어가서는 안 되고, 또한 복잡한 계산도 필요 없어야 합니다.

바로 여기서 곱셈에 관한 지식과 경험이 개입합니다. 한 사람당 젤리를 백 개씩 나눠 줄 수 없다는 건 분명합니다. 총 칠백 개가 필요할 테니까요. 백 개 이상씩 나눠 줄 수는 없으므로 정답은 십의 자릿수입니다. 그렇다면 열 개씩은 어떨까요? 그러면 총 칠십 개를 나눠 주게 되므로 충분하긴 합니다. 일단 그렇게 해봅시다. 각자 열 개씩 나눠 주었다는 사실을 표에 적고, 남은 것은 몇 개인지도 표시합니다. 다음처럼 쓰면 편합니다.

한 사람당 받은 젤리 수	남은 젤리 수
10	248
	70
	178

첫 번째 칸에는 10을 쓰고, 거기에 7을 곱해서 얻은 70을 248 아래에

나란히 씁니다. 이제 각자에게 젤리는 10개씩 있고 봉지에 남은 젤리는 178개입니다. 이해되시죠? (물론 자기만의 방법으로 기록해도 됩니다만, 내가 볼 때는 이 표도 나름 간명하고 유용해 보입니다.)

어쨌든 나누기는 했지만

사실 대단히 효율적인 예상치는 아니었습니다. 한 번에 더 많은 양을 나눠 주었다면 남은 젤리는 훨씬 적었을 테니까요. 사실 7×3=21이므로 서른 개씩을 나눠 주었어도 충분했을 겁니다. 우리가 세 배만 더 용감했더라면 훨씬 많은 젤리를 처리할 수 있었을 텐데, 아쉽군요.

그러고 보면 산수에도 일종의 '에너지 보존의 법칙'이 적용되는 것 같습니다. 아주 단순한 계산을 하고 또 할 수도 있지만, 정신노동을 조금만 더 하면 그만큼 빨리 일을 처리할 수 있습니다. 말하자면 도르래와 같습니다. 무거운 물건을 돼지처럼 땀을 뻘뻘 흘리며 힘으로 들어 올릴 수도 있고, 아주 정교한 도르래를 만들어서 쉽게 하지만 오랫동안 들어 올릴 수도 있습니다.

어쨌든 지나간 일입니다. '배수' 잃고 외양간 고칠 수는 없잖아요. 물론 10 말고 30을 쓸 수도 있었지만, 뭐 어때요? 계산이나 계속하도록 합시다. 우리에게 남은 젤리는 178개입니다. 비슷한 수 가운데 칠의 배수를 찾아볼까요? 경험이 제게 7×2=14라고 말해주는군요. 7×20=140이므로 상당히 근접한 수이면서도 안전합니다. 표에는 이렇게 씁니다.

각자	나머지
	248
10	70
	178
20	140
	38

각자 10+20=30개씩 받았고 나머지는 38임을 알 수 있습니다. 애초에 조금 더 영리한 선택을 했더라면 한 번에 여기까지 올 수 있었겠지요.

이제 남은 젤리는 38개입니다. 각자 열 개씩 나눠 가질 수는 없습니다. 지금부터는 남은 젤리를 하나씩 돌아가며 나눠 줘도 나쁘지 않겠지만 더 좋은 수가 있을지도 모릅니다. 음, 다섯 개는 어떨까요? 7×5는 마침 35이므로 딱 맞는군요. 마침내 우리는 젤리를 한 사람당 35개씩 나누어 주었고 나머지는 세 개입니다. 마지막으로 이렇게 기록합니다.

각자	나머지
	248
10	70
	178
20	140
	38
5	35
35	3

왼쪽의 모든 수를 더하니 각자에게 돌아간 총 젤리의 수가 나왔습니다. (늘 자리에 맞게 정렬해서 써야 덧셈과 뺄셈도 편해지고 알아보기도 쉽습니다.)

5625를 4로 나누면 어떻게 되는가?

좀 더 간단하게 할 수 없을까?

당연히 이 지난한 과정을 간소화하기 위한 여러 방법이 존재합니다. 우선 이름표부터 떼어버립시다. 왼쪽에는 각자의 몫을 오른쪽에는 나머지를 쓰기로 정해놓기만 하면 됩니다. 어차피 누가 볼 것도 아니니까요. 계산을 하는 데에는 여러분 각자의 목적이 있을 테니 거기에 맞는 형식을 찾는 것이 가장 좋습니다. 헷갈리지 않도록 분명히 정해놓기만 하면 됩니다.

둘째로, 예측치의 정확성을 높이면 나눗셈이 더 빠르고 쉬워지기 때문에 실질적으로 큰 도움이 될 겁니다. 원칙적으로 유효숫자가 하나인 수 가운데 가능한 한 가장 큰 수를 고르면 계산 단계가 줄어들어 효율성을 극대화할 수 있습니다. 물론 얻는 것이 있으면 대가도 치러야 하는 법. 빠르고 효율적인 계산을 위해서는 산수에 대한 상당한 지식과 경험이 필요합니다.

무엇보다도 한 자릿수의 곱에 상당히 능숙해야 합니다. 말하자면 '이십칠'이라는 수를 보고 곧바로 '삼-구'를 떠올릴 수 있어야 합니다. 그렇다고 너무 스트레스를 받아가며 숫자와 친해지려고 노력할 필요는 없습니다. 저 혼자만의 생각인지는 모르지만 산수가 딱히 자랑스러워할 만한 능력은 아닙니다. 그저 관심의 차이일 뿐이에요. 그러니 원하는 만큼만 노력하되 스트레스를 받지는 마세요.

일단은 우리가 한 자릿수의 곱셈 값을 모두 알고 있다고 가정합시다. 그런데 그 반대도 할 줄 알아야 합니다. 즉 "사-육은 이십사"뿐만 아니라

"이십사는 사-육"도 알아야 해요. 마치 영어공부를 할 때 한국말을 영어로도 바꿀 줄 알아야 하고, 그 반대도 할 줄 알아야 하는 것과 같습니다. 결국 우리가 하는 일이란 묶음 크기가 서로 다른 두 숫자 사이에서의 통역이니까요. 그런 의미에서 곱셈표는 십진법을 다른 수 체계로 바꿔주는 일종의 사전과도 같습니다. 잘 알면 알수록 계산은 더 빨라집니다.

이제 효율적으로 계산하려면 어떻게 해야 할까요? 먼저 가능한 한 가장 큰 예측치를 통해 천의 자릿수를 최대한 나누어줍니다. 다음으로는 백의 자리, 십의 자리, 일의 자리 순으로 똑같이 나눕니다. 즉, 십진법의 각 자리마다 한 번씩 계산하면 됩니다. 연습 삼아 6842 나누기 5를 해봅시다.

	6842
1000	5000
	1842
300	1500
	342
60	300
	42
8	40
1368	2

5의 배수에 대한 지식을 활용하여 각 단계마다 가장 큰, 따라서 가장 효율적인 예측치를 구했습니다.

그리고 필요하다면 과정은 한 번 더 간소화될 수도 있습니다. 우리는 항상 유효숫자가 하나인 예측치를 사용하므로 예측치들을 합산하기는 매우 쉽습니다. 총 합계인 1368이 어떻게 도출되었는지 살펴보면

1000+300+60+8임을 알 수 있지요. 다시 말해서 유효숫자가 하나인 자리별 예측치는 서로를 방해하지 않습니다. 1368이라는 일련의 숫자가 예측치 바로 그 자체에 주어져 있기 때문에 자리를 변환하거나 옮길 필요가 전혀 없습니다. 이런 성질을 이용하면 시간과 공간을 아낄 수 있습니다. 나누어지는 숫자 바로 위에 각 자리별 예측치를 맞춰 쓰면 됩니다.

$$\begin{array}{r} \underline{1368} \\ 6842 \\ \underline{5000} \\ 1842 \\ \underline{1500} \\ 342 \\ \underline{300} \\ 42 \\ \underline{40} \\ 2 \end{array}$$

핵심은 마지막에 덧셈을 할 필요가 없다는 겁니다. 각 숫자는 계산을 할 때마다 자연스럽게 적재적소에 자리 잡습니다. 따라서 이 방법으로 나눗셈을 하면 특히 나누어지는 수가 큰 수일 때 시간과 공간을 상당히 절약할 수 있습니다.

새로운 계산법으로 53219를 8로 나누어보라.

복잡한 계산은 이렇게 하자

물론 문제는 더 복잡해질 수도 있습니다. 만약 젤리의 수만 커지는 게 아니라 나눠 먹을 사람의 수가 아주 많아진다면 어떻게 될까요? 예를 들어 17503을 13으로 나눠야 할 수도 있습니다. 이렇게 되면 예측치는 물론 곱셈도 훨씬 복잡해지기 시작합니다. 그래도 시도는 해봐야겠죠?

시작은 단순합니다. 각자 1000씩 나눠 가지면 됩니다. 이번에는 계산이 좀 복잡할 테니 원래의 방식대로 표를 기록해보겠습니다.

	17503
1000	13000
	4503

이제 백 단위에서는 몇 개씩 나눠 줄 수 있는지를 도출해야 합니다. 여기서 13의 배수를 모두 알고 있다면 도움이야 되겠지만 모든 숫자의 배수를 전부 외울 수는 없는 노릇입니다. 숫자는 무한하니까요. 그러니 마음을 단단히 먹고 추가로 계산을 하는 수밖에 없습니다. 13의 세 배는 계산이 쉽습니다. 39지요. 그런데 네 배는 얼마일까요? 카드 한 팩에는 세트당 13장씩 네 세트, 총 52장의 카드가 있으니 13의 네 배는 52임을 알 수 있습니다. 그러므로 각자 300씩 나눠 가지면 총 3900이고, 각각 400씩 가지면 총 5200입니다. 결국 최대한으로 나눠 줄 수 있는 수는 삼백입니다.

	17503
1000	13000
	4503
300	3900
	603

나눗셈이 얼마나 복잡한지 이제 알겠지요? 예측하고, 곱하고, 빼고, 그 모든 걸 줄 맞춰 쓰기까지 해야 합니다. 그래서 저도 나눗셈은 별로 안 좋아한답니다.

이제 십의 단위로 넘어갑니다. 사실 이 시점에서 우리가 갑자기 귀찮아져서 그냥 30씩 나눠버린다고 해도 크게 문제될 건 없습니다. 13의 30배가 390이라는 걸 이미 알고 있으니 당장은 오히려 편합니다. 하지만 다음에 십의 단위를 한 번 더 나눠야 해서 귀찮습니다. 그러니 다시 한 번 생각해봅시다. 앞서 우리는 카드가 13×4=52장이라는 사실을 확인했었지요. 그러므로 13의 40배 역시 남은 수를 넘지 않는다는 걸 알 수 있습니다.

	17503
1000	13000
	4503
300	3900
	603
40	520
	83

또 한 번 완벽한 게으름뱅이가 되어서 일의 자리에서도 13×4를 그냥 써보고 후일은 천천히 도모하기로 합시다.

	17503
1000	13000
	4503
300	3900
	603
40	520
	83
4	52
	31
2	26
1346	5

이렇게 하여 결국 일의 자리에서는 각자 6만큼을 나눠 줄 수 있었습니다. 좌우간에 답은 도출했네요. 17503 나누기 13은 1346이고, 나머지는 5입니다. 아주 약간 더 효율적으로 했다면 다음과 같았을 겁니다. (심지어 '영'까지 지워버려서 쓰는 수고를 덜었습니다.)

```
 1346
17503
13
 4503
 39
  603
  52
   83
   78
    5
```

소수점 이하 숫자 나누기

솔직히 나는 효율적인 버전을 그다지 좋아하지 않습니다. 언제든 한 번에 가능한 최대수를 나눠 줘야 한다는 강박관념에 시달리고 싶지 않거든요. 그보다는 언제나 원하는 만큼만 나눠 주는 편을 선호합니다. 심지어 가끔은 너무 많이 나눠 주는 바람에 약간 되돌아가야 하는 경우도 있습니다. 뭐 어때요. 괜찮습니다. 효율성 따위 개나 줘버리자고요!

사실 실생활에서 종이와 연필로 나눗셈을 할 일은 별로 없습니다. 앞으로도 살펴보겠지만 이런 길고 긴 계산법은 아주 구시대적인 것이 되어버렸습니다. 그러니 다음 문제는 그냥 재미 삼아 풀어보세요.

초콜릿 사천육백사십팔 개를 배 열일곱 척에 똑같이 나누어 실어야 하는데,
당신은 나머지 초콜릿을 받기로 했다. 총 몇 개나 받게 될까?

나눗셈에는 한 가지 재미있는 특징이 있습니다. 젤리 한 봉지를 일곱 명이 나눈다는 건, 어떤 수에 일곱 배를 해야 한 봉지가 나오는지 묻는 것과 같습니다(나머지는 잠깐 무시합시다). 즉, "칠 곱하기 몇은 젤리 한 봉지인가?"라는 질문입니다. 만약 한 사람당 여덟 개를 받는다고 하면 총 젤리는 오십육 개입니다. 그런데 "7×8은 56과 같다"라는 진술은 다양한 해석이 가능합니다.

먼저 7×8을 여덟의 일곱 배로 볼 수 있습니다. 즉 일곱 명이 각각 여덟 개씩 받는 겁니다. 반면 곱셈의 대칭성에 따라 같은 식을 일곱의 여덟 배로도 볼 수 있습니다. 이때 일곱은 젤리 여덟 개를 줄 수 있는 사람의 수입니다. 다시 말해서 각각의 더미에 몇 개씩 배정할 수 있는지가

아니라, 주어진 양을 몇 사람이 받을 수 있는지를 묻는 겁니다. 곱셈의 대칭성 덕분에 나눗셈은 이처럼 미묘하게 다른 두 가지로 해석됩니다. 어떤 수량을 주어진 수로 쪼갰을 때 각 더미의 크기가 얼마인지 도출한다고 볼 수도 있고, 반대로 어떤 수량을 정해진 크기의 더미로 나눌 때 몇 개의 더미가 생길 것인지를 구한다고 볼 수도 있습니다.

물론 둘은 의미상 똑같으며 이건 해석의 문제에 불과합니다. 일곱이든 여덟이든, 아니면 그 둘의 곱이든 숫자들은 우리의 해석에는 조금도 관심이 없습니다. 그저 곱셈을 하느라 너무 바빠서 해석 문제 따위에 신경 쓸 여력은 없거든요. 현대의 관점에 따르더라도 더미니 몫이니 사람이니 하는 것들은 모두 하찮은 부산물에 불과합니다. 중요한 건 숫자의 행위 그 자체, 즉 "오십육을 팔로 나누면 칠이다. 왜냐하면 칠 곱하기 팔은 오십육이기 때문이다"뿐입니다. 어떤 수가 사람인지 어떤 수가 더미인지는 아무도 신경 쓰지 않습니다.

또 한 가지 주목할 만한 특징은 나눗셈이 자리 옮기기와 잘 맞아떨어진다는 것입니다. 앞서 곱셈에서 '곱하기 육십'이 본질적으로는 '곱하기 육'과 같았듯이 나눗셈도 똑같습니다. 즉, '곱하기 십'이 왼쪽으로 한 칸 옮기기였다면 '나누기 십'은 오른쪽으로 한 칸 옮기기입니다.

따라서 앞서 살펴본 모든 나눗셈법은 소수점 이하 숫자에 대해서도 안전하게 적용됩니다. 예를 들어 324.87달러의 융자 상환금을 다섯 번에 걸쳐 나누어 내려고 한다면 다음의 과정을 거쳐 분할 상환금을 구할 수 있습니다. 우선 소수점은 잊어버리세요. 총 32487개를 나눠야 한다는 사실이 중요합니다. 이 수를 평소와 마찬가지로 5로 나눕니다.

	32487
6000	30000
	2487
400	2000
	487
90	450
	37
7	35
6497	2

자리 변환은 언제든 할 수 있으므로 계산하는 동안에는 전혀 신경 쓰지 않습니다. 계산이 끝났으니 이제 단위를 조정합니다. 324.87을 왼쪽으로 두 칸 옮겨서 32578로 만들었으니 다시 오른쪽으로 두 칸 옮기면 매달 내야 할 분할 상환금은 64.97달러, 나머지는 0.02달러가 나옵니다.

이처럼 자릿값 체계에서는 정신만 똑바로 차리면 여러 모로 융통성을 발휘할 수 있습니다.

324.87달러를 오십 번에 걸쳐 분할 상환한다면?

더 정확하게 나눠야 할 때

특히 과학이나 기술 분야의 계산은 일반적인 경우보다 훨씬 정확해야 합니다. 그래서 나머지가 문제를 일으킬 수 있습니다. 예를 들어, 어떤 액체 표본 8리터의 무게가 7.25킬로그램(즉, 7250그램)일 경우 액체의 밀도(리터당 그램 수)는 나눗셈을 통해 구할 수 있습니다. 다음처럼 7250을 8로 나눕니다.

	7250
900	7200
	50
6	48
906	2

그런데 나머지가 생기고 말았습니다. 그냥 무시하고 대략 리터당 906 그램 정도 된다고 말할 수도 있겠지만 사실 그건 표본의 무게가 지금보다 2그램 덜 나갔을 때의 얘기입니다. 그렇다고 무게를 맞추기 위해 액체를 약간 덜어내면 8리터를 맞출 수가 없습니다. 이럴 때는 단위를 더 세분하면 됩니다. 7.25킬로그램을 7250그램이 아니라 7250000밀리그램으로 바꾸는 겁니다.

	7250000
900000	7200000
	50000
6000	48000
	2000
200	1600
	400
50	400
906250	0

이제 계산은 위와 같습니다. 이번엔 다행히도 나머지가 없군요. 원래의 단위로 되돌리기 위해 자리를 오른쪽으로 세 칸 옮기면 리터당 밀도

는 906.25그램입니다.

그런데 만약 나머지가 계속 남아 있었다면 어땠을까요? 단위를 더 세분해야 했을 수도 있지만, 너무 작아서 틀려도 상관없는 수준이라면 그냥 무시해버렸을 수도 있습니다. 예를 들어, 리터당 0.00003그램 정도는 틀려도 문제될 일은 없었을 겁니다.

실생활에서는(심지어 소립자 물리학이나 우주론의 경우라도) 항상 정확도에 한계가 존재하기 마련입니다. 무엇보다도 측정된 자료 자체가 언제나 근삿값일 수밖에 없으니까요. 따라서 과학자와 기술자, 목수와 재봉사, 제빵사와 농부는 모두 어느 정도의 정확성이 요구되는지, 즉 나머지는 어디까지 무시해도 되는지를 판단할 줄 알아야 합니다. 여기에 대해서는 "측정치보다 더 정확한 수치를 도출할 필요는 없다"는 원칙이 널리 받아들여지고 있습니다. 말하자면 125.26을 3.8로 나눌 때 32.9631579까지 구하는 건 시간낭비입니다. 원 수치가 소수점 이하 한두 자리 정도로 주어졌으면 거기에 맞추면 됩니다. 심지어 이 경우에는 답이 33에 거의 근접하므로 33이라고 해도 무방합니다.

설령 누군가 3.8이라는 측정치를 썼더라도, 실제 수치는 3.8과 가까운 수, 말하자면 3.75에서 3.85 사이의 어디쯤 존재하는 수라고 추측할 수 있을 뿐 정확한 수치를 알 수는 없습니다. 3.83처럼 더 자세한 수치가 주어지더라도 마찬가지입니다. 측정 수치는 언제나 특정한 오차 범위 내에 존재하며, 마지막 숫자는 언제나 불확실합니다. 물론 얼마나 정확하게 측정해야 하는가, 즉 유효숫자를 어디까지 도출할 것인가의 결정은 측정의 목적과 이유에 따라 달라집니다.

시험관 세 개에 들어 있는 액체의 양을 측정하려고 한다.

밀리리터 단위로 측정한 부피는 각각 30.25, 27.12, 32.62이다.

세 시험관을 하나로 합하니 부피가 90밀리리터를 아주 조금 넘는 양이 되었다.

맞는 결과일까?

12장

기계: 계산기가 있는데 왜 산수를 배울까?

단순히 숫자만 세는 일이라면?

자릿값 체계를 이용한 산수는 어떤 계산이든 추상적인 기호 조작으로 바꿔준다는 점에서 놀랍고도 강력한 힘을 발휘합니다. 원칙적으로 기호의 조작은 일단 한번 배우고 나면 그 본질적인 의미를 전혀 인식하지 않고도 반복할 수 있습니다. 심지어 (아주 잔인한 상상을 해본다면) 어린아이들에게도 곱셈표와 무의미한 계산법을 외우라고 강요할 수 있어요. 스스로 말 잘 듣는 계산기계가 되고자 하는 착실한 학생들에게만 보상을 해주고 나머지는 벌을 주면 됩니다. 그러면 장차 회사원이 될 우리의 소중한 아이들이 숫자의 진정한 의미에 대해 고민하고 산수 자체를 즐기는 무시무시한 사태는 미연에 방지할 수 있지요. 산수는 그저 기계적인 과정으로만 남을 겁니다. 너무나 끔찍한 디스토피아적 상상이군요.

다행히도 어떤 일이 무의미하고 반복적이라고 느껴지면 언제나 인간은 그 일을 대신해줄 기계를 만들어냅니다. 산수도 예외는 아니었습니다.

"이 귀중한 시간을 왜 기계적인 일에 써야 하는가? 대신 해줄 하인을 구하면 될 텐데. 그런데 신뢰도 안 가고 짜증만 내는 하인을 왜 고용해야 하지? 돈까지 주면서? 아, 기계를 만들어야겠다!"

학교에서 아무리 살아 움직이는 계산기계를 만들어내도 진짜 기계의 능력을 당해낼 수는 없었습니다.

역사적으로 인간은 쟁기와 물레, 베틀과 재봉틀 등 다양한 기계를 통해 힘들고 지루한 노동으로부터 스스로를 해방시켜 왔습니다. 그 덕에 우리는 사고하고 휴식하고 예술할 시간을 벌 수 있었지요. (물론 수많은 노동자들의 일자리를 빼앗아 불평등과 사회적 불안, 심지어 계급 전쟁을 일으킨 원인이 되기도 했습니다.)

가장 단순한 산수기계로는 자동차의 주행기록계나 회전식 개찰구처럼 바퀴가 한 번 돌 때마다 수치가 올라가는 계수기가 있습니다. 운동경기에서 득점을 기록할 수 있도록 단추를 누를 때마다 숫자가 올라가도록 만든 휴대용 계수기도 있고요. 그런데 이런 기계는 어떻게 작동할까요?

기계에게 일을 시키는 비법은 이해와 해석을 완전히 제거하는 것입니다. 진행되는 과정을 순전히 기계적인 활동으로 만들어서 무슨 일이 벌어지고 있는지 이해할 필요가 없을 뿐 아니라 그 자체가 본질이 되게 만들어야 합니다. 안 그러면 무념무상의 스프링과 기어 덩어리에서 무엇을 얻을 수 있겠습니까?

그렇다고 기계가 결코 생각할 수 없다는 뜻은 아닙니다. 다만 우리는 아직 어떻게 생각하게 만들 수 있는지를 모릅니다. 물론 생각할 수 있는 생물학적 기계가 하나 존재하긴 합니다. 바로 인간입니다. 하지만 우리가 설계한 게 아니라서 어떻게 작동하는지를 알 수도 없습니다.

따라서 어떤 기계를 만들든 그 첫 단계는 모든 과정을 생각이 필요 없는 일련의 기계적인 활동들로 쪼개는 겁니다. 태피스트리(색실을 이용해 그림을 짜 넣은 직물_옮긴이)를 짤 때 사람은 의식적으로 초록실을 골라서 나뭇잎 무늬를 만듭니다. 하지만 생각 자체가 없는 자동 직조기는 의도적으로 초록실을 고르지 못합니다. 아무것도 이해하지 못한 채 그저 지시에 따를 뿐입니다. 마찬가지로 우리 몸의 혈액이 혈관을 따라 움직이는 건 우리의 선택이 아닙니다. 나의 심장은 내가 원하든 원하지 않든 늘 뜁니다. (나로서는 감사할 따름입니다.)

그러므로 우리는 아무것도 이해하지 못하면서도 수치를 올릴 줄 '아는' 계수기를 만들어야 합니다. 표시창에는 이해하기 쉽도록 인도-아라비아 숫자가 나타나겠지만 계수기 자신은 그 의미를 알지 못합니다. 결국 우리는 '하나를 더하는' 행위를 물리적으로 해석해내야 합니다.

숫자 세는 기계를 만들어볼까

가장 단순하게는 숫자 두루마리를 이용하는 방법이 있습니다. 크랭크가 한 바퀴 돌 때마다 두루마리가 돌아가면서 보이는 숫자가 하나씩 커집니다.

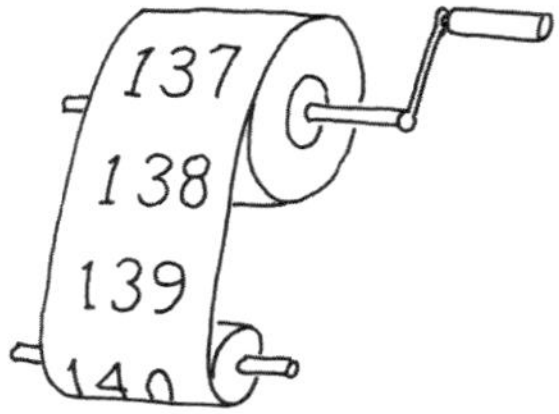

이 정도면 아무 생각 없어 보이죠? 더 고급스럽게 만들고 싶으면 두루마리를 틀이나 상자에 넣어 잡고 돌리기 편하게 만들면 됩니다. 숫자가 보이는 창도 하나 달아야겠군요. 또한 두루마리가 제멋대로 돌아가거나 풀려버리는 것도 막아야 하고, 한 바퀴 돌아갈 때마다 기분 좋은 딸깍 소리가 난다면 더 좋겠습니다. 이 모든 문제에 대한 전형적인 해법은 래칫 기구입니다. 래칫 기구란 스프링 달린 핀을 톱니바퀴에 장착해서 두루마리가 제멋대로 돌아가지 않게 만든 단순한 장치입니다.

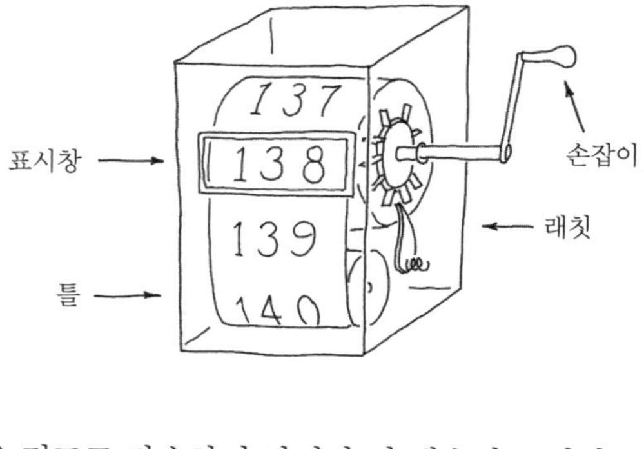

터무니없을 정도로 단순하긴 하지만 이 계수기는 여러 모로 편리합니

다. 우선 돌리기만 하면 되니까 사용하기가 아주 편하죠. 표시창으로는 현재의 수치를 확인할 수 있습니다. 게다가 아주 조금만 변형시키면 두루마리를 뒤로 돌아가게도 만들 수 있습니다. 그러면 실수로 손잡이를 한 번 더 돌리더라도 수정할 수 있겠지요.

그런데 이 설계상에는 불가피한 단점이 있습니다. 눈치 채셨나요? 애초에 그 긴 두루마리에 숫자를 전부 써야 하는 것도 짜증나지만, 무엇보다도 매번 기계를 영으로 되돌리는 일이 고역입니다. 예컨대 어제 기록된 수치가 삼백 몇인데 오늘 다시 수를 세려면 두루마리를 0으로 되돌리느라 진땀을 빼야 합니다.

이 상황을 어떻게 개선해야 할까요? 새 두루마리를 충분히 준비해두고 필요할 때마다 바꿔 끼우면 어떨까요? 글쎄요, 썩 좋은 방법 같지는 않습니다. 매번 상자를 열어젖히고 싶진 않거든요. 또한 지금보다 더 작고 쉽고 정확하고, 긴 두루마리에 숫자를 쓰는 일도 피할 수 있다면 더 좋겠습니다.

다행히도 모든 기술은 진화합니다. 동물과 식물이 변화무쌍한 환경을 만나면 더욱 적응된 형태로 변이를 거듭하거나 멸종하듯이 기계 역시 같은 과정을 거칩니다. 기계에게 있어 환경이란 인간의 사용이고, 진화의 동력은 혁신이겠지요. 문제를 해결해줄 새로운 아이디어가 등장하면 구식 설계는 점차 자취를 감춥니다. 그래서 박물관에는 멸종된 동물뿐 아니라 구식 기계들도 전시되어 있습니다. 이 둘의 가장 큰 차이는 진화의 속도입니다. 기술의 진화는 생물의 진화에 비해 훨씬 빠릅니다.

목적 없고 우연적인 유전자의 돌연변이와는 달리 기계의 혁신은 다분히 의도적이기 때문입니다. 어떤 기계의 설계상에 개선점이 있으면 인간은 그것을 염두에 두고 목표를 향해 움직입니다. 물론 그 시도가 언제나 성공하는 건 아니며 의도치 않은 부작용을 낳을 수도 있습니다. 하지만 뭐 어쩌겠습니까? 인간이란 채워지지 않는 호기심으로 가득한, 엄청나게 똑똑하면서도 엄청나게 멍청한 존재인 걸요. 우리의 계수기가 세상에 의도치 않은 해악을 끼치지 않기만을 바랄 뿐입니다.

숫자 바퀴의 다양한 버전

계수기에 있어 역사적 혁신은 숫자 바퀴의 도입이었습니다. 크고 무거운 두루마리에 숫자를 처음부터 끝까지 전부 쓰는 대신 각 자리마다 바퀴와 축을 달기로 한 겁니다. 이제 긴 두루마리도 필요 없어졌고, 자리마다 따로 조작할 수 있게 되면서 초기 상태로 되돌리기가 훨씬 편해졌습니다. 하지만 각 숫자 바퀴마다 래칫 기구를 설치해야 하고 그밖에 몇 가지 귀찮은 문제도 발생합니다. 사실 기술적 혁신이나 진화가 다 그렇습니다. 숫자 언어의 발전 과정에서도 같은 현상이 나타났었지요. 얻는 것이 있으면 잃는 것도 있는 법! 사용하기 쉬우면 이해하기가 어렵고, 더 빠르고 더 편리한 만큼 복잡하고 고장도 잦습니다.

진화의 또 하나의 문제는 기계든 생물이든 문화든 멈추어야 할 때를 모른다는 것입니다. 30미터에 달하는 도마뱀의 등장은 정말 최선의 결과였을까요? 하이힐과 리모콘은 나중에 어떤 평가를 받게 될까요? 진정 유용한 혁신이란 무엇이며, 한 세기만 지나도 터무니없는 유행으로 치부될 혁신은 무엇일까요?

개인적으로 숫자 바퀴의 도입은 좋은 혁신이라고 생각합니다. 숫자 바퀴에도 다양한 버전이 있지만 내가 가장 좋아하는 형태는 다음과 같습니다.

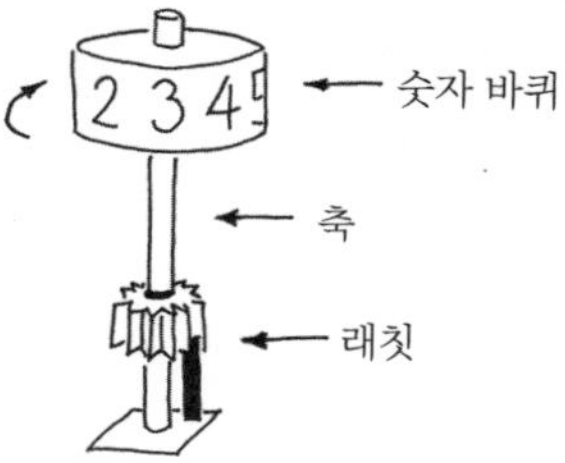

바퀴가 축을 중심으로 한 바퀴 돌 때마다 래칫에서 딸각 소리가 나며 창에 나타나는 숫자가 바뀌는 구조입니다. 여러 자리 숫자를 표현하려면 다음 그림처럼 숫자 바퀴를 여러 개 나열하면 됩니다.

이 계수기는 네 자릿수까지 표현할 수 있습니다. 각 자리마다 표시창

이 있고 손잡이는 일의 자리 숫자 바퀴의 축에 직접 붙어 있습니다.

그런데 여기에는 치명적인 문제점이 있습니다. 손잡이가 일의 자리 숫자에서만 뱅뱅 도는 겁니다. 즉, 표시창에 9가 나타난 다음 손잡이를 한 번 더 돌리면 계수기는 10이 아니라 초기 상태, 즉 0으로 돌아갑니다. 그러므로 십의 자리 숫자 바퀴에 이제 올라갈 차례가 되었다는 정보를 줄 또 하나의 장치가 필요합니다. 일의 자리 바퀴는 알맞은 시점에 십의 자리 바퀴에 연동되어야 합니다.

가장 단순한 방법은 일의 자리 축에 '전달 핀'을, 십의 자리 축에 '전달 톱니'를 다는 겁니다.

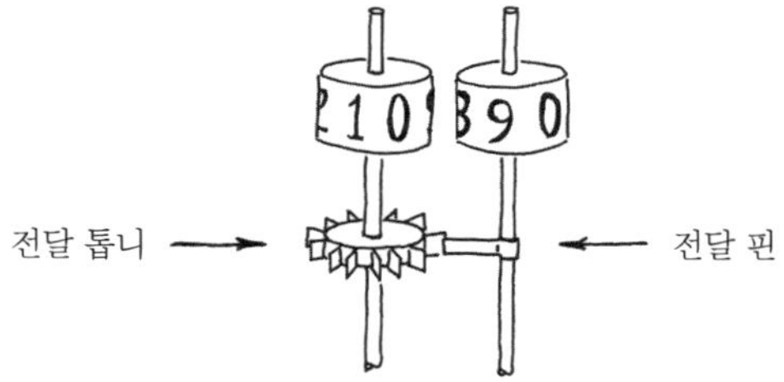

전달 핀은 일의 자리에서 그저 바퀴를 따라 돌기만 하다가 9의 차례가 돌아오면 전달 톱니와 맞닿습니다. 그리고 일의 자리가 한 차례 더 움직여서 0으로 바뀌는 순간 십의 자리 축에 있는 전달 톱니와 맞물려 십의 자리 바퀴가 자동으로 회전하게 해줍니다. 물론 십의 자리 숫자가 한 번에 1만큼만 움직이도록 핀의 길이 및 톱니 이빨의 크기 등은 주의를 기울여 설계해야 합니다. 하지만 그거야 말로 엔지니어들이 하고 싶어서 안달복달하는 문제이니 걱정할 필요는 없습니다.

그런데 여기에는 예상치 못한 문제가 하나 더 있습니다. 일의 자리 바퀴가 9에서 0으로 돌아갈 때 십의 자리 바퀴는 정확히 반대방향으로 돌아간다는 점입니다. 맞물린 톱니바퀴가 서로 반대방향으로 돌아가는 건 아주 자연스러운 일입니다. 일의 자리 바퀴가 시계방향으로 돌아가면 십의 자리 바퀴는 필연적으로 반시계방향으로 돌아갑니다. 따라서 위 그림에서처럼 십의 자리 바퀴에는 숫자가 반대 순서로 쓰여야 합니다. 어때요, 재미있지요? 물론 이게 싫으면 (톱니바퀴를 몇 개 추가하는 등) 방향을 바꿀 수 있는 방법을 스스로 찾아봐도 좋습니다만, 괜히 복잡해질 필요는 없습니다.

살아있는 계수기

계수기를 더 발전시키려면 손잡이를 가볍고 돌리기 쉬운 것으로 바꾸고 모든 자리에서 숫자를 수정할 수 있도록 축마다 손잡이를 달아도 됩니다. 이제 계수기의 최종 버전은 다음과 같은 형태가 됩니다.

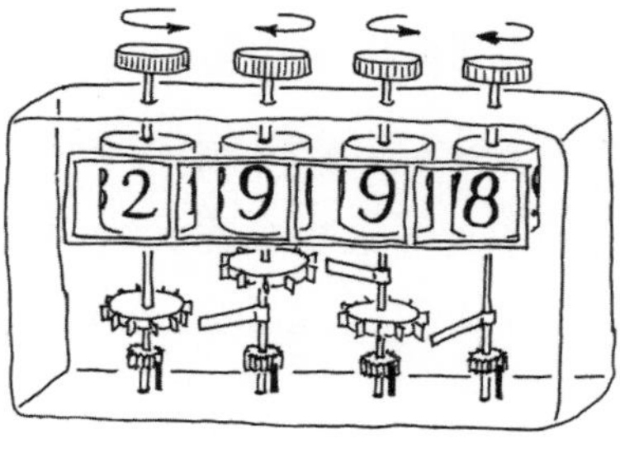

양 끝을 제외한 모든 축에는 전달 핀과 전달 톱니가 설치되어 있습니다. 핀과 톱니는 어떤 높이에 설치해도 상관없으므로 지그재그로 설치하여 서로 부딪치는 일이 없게 합니다. 바퀴는 돌아가며 반대방향으로, 즉 시계방향과 반시계방향으로 돌아갑니다.

마침내 이름에 걸맞은 계수기가 완성되었습니다. 모든 축을 조작할 수 있으므로 십의 자리를 두 번 돌리면(물론 방향을 맞춰서) 손쉽게 이십이 더해집니다. 당연히 반대로 돌리면 빼기도 가능합니다.

어린 시절 나의 어머니는 슈퍼마켓에 가면 이런 도구를 이용해서 지금까지 쓴 돈을 기록하곤 했습니다. 가끔은 내게도 기회가 주어졌는데 구입한 물건의 가격, 예컨대 2.39달러를 불러주시면 나는 다이얼을 돌려서(버튼이었던가, 헷갈리네요) 더하곤 했습니다. 숫자가 돌아가다가 자동으로 다음 자리로 이어지는 모습을 보는 건 왠지 즐거웠습니다. 그러고 보면 여섯 살 때 좋아하던 것을 지금까지 좋아하고 있는 셈이에요! 하지만 다들 그렇지 않나요? 주행기록계에 10,000킬로미터를 찍히는 순간을 누가 놓치고 싶어 하겠어요? 전달 핀에는 도대체 무슨 매력이 있는 걸까요?

내 생각에 그건 바로 생명력입니다. 왜 그런지 몰라도 무생물은 살아 움직이는 것에 비해 본질적으로 지루합니다. 반면 생명을 바라보는 건 그 자체로 재미있지요. 우리는 스스로 움직이는 사물에게 친구의 지위를 부여하기도 합니다. "얘가 왜 이럴까?"라든가 "너 원하는 게 뭐야?" 라고 중얼거리기도 하죠. 우리는 그런 사물에 일말의 의식과 의도라도 있는 양 행동합니다. 움직임이 더 복잡해지면 모종의 인격이 있다고 느낄 정도가 되어서, "내 자동차 요새 되게 까칠해"라든가 "오늘 토스터가 영 컨디션이 별로네"라고 말하기도 합니다. 인간이 자극을 주지 않아도 스스로 움직이는 사물에서는 일종의 생명력이 느껴집니다.

아마 가장 중요한 조건은 반응 여부, 즉 외부 환경에 따라 행동이 달라지는지 여부일 것입니다. 강바닥을 따라 흐르는 물에서는 생명력을 느낄 수 없습니다. 우리가 원하는 건 행동을 조정하고 '결정을 내리는' 모습입니다.

아주 단순하긴 하지만 전달 핀이 하는 일이 바로 그겁니다. 전달 핀 덕분에 계수기는 자릿값 체계에 대해 마치 뭔가를 이해하는 것처럼 보입니다. 십의 자리 바퀴는 우리가 일의 자리에서 손잡이를 돌리는 내내 신경을 끄고 있다가 일의 자리가 9에서 0으로 바뀌는 바로 그 순간 반응합니다. 누가 가르쳐준 것도 아닌데, 혼자서 말이에요!

나의 풍부한 상상력을 여러분은 황당해 하며 비웃었을지도 모르겠습니다. 그런데 컴퓨터는 어떤가요? 계수기보다 약간 복잡해 보이긴 하지만 결국 수많은 트랜지스터 덩어리일 뿐인데, 사람들은 "얘가 오늘 왜 이래?"라든가 "이 녀석이 파일을 다 지워버렸어!"라고 말하지 않던가요? 본질적으로 트랜지스터는 전압에 따라 전류의 흐름을 껐다 켰다 하는 스위치입니다. 다시 말해서, 상황에 따라 다르게 반응합니다. 결국 아주 그럴듯한 전달 핀에 불과한 겁니다. 우리도 전달 핀을 충분히 많이 연결하기만 하면 '생각하는 기계'를 만들 수 있을지도 모릅니다.

그런 의미에서 인간의 신경세포인 뉴런 역시 (말도 안 되게 복잡한) 생물학적 전달 핀이 아니고 무엇이겠습니까? 뉴런은 입력되는 신호에 따라 전기자극을 내보낸다는 점에서 트랜지스터와 다를 바가 없습니다. 다만 인간의 발명품이 아니기 때문에 그 작동 원리를 완벽하게 이해하지 못할 뿐이지요. 그럼에도 뉴런이 생물학적 스위치라는 사실에는 변함이 없습니다. 따라서 충분히 많은, 예컨대 천억 개의 뉴런을 연결할 수만 있다면 우리는 인간의 두뇌를 만들어낼 수 있을지 모릅니다. 그렇게 만들어진 뇌에 의도와 의식이 있다고 한들 아마 의문을 제기하는 사람은 없을 겁니다.

그러니 0999에서 1000으로 바뀌는 계수기에서 생명력을 느끼는 것이 왜 그렇게까지 멍청한 일인지 잘 모르겠습니다. 친구와 카페에서 커피를 마시는 것은 완전히 다른 차원의 일이라고 누가 장담할 수 있을까요? 우아하게 커피를 한 모금 마시고 슬쩍 시계를 본 뒤 "그래, 네 마음은 충분히 이해해"라고 말하는 것도 결국은 수백만 개에 달하는 뇌 속 전달 핀이 우리 욕망을 자극한 결과에 불과합니다. 여러분은 어떨지 몰라도 나는 내 자신이 복잡한 전달 핀 덩어리에 지나지 않음을 기꺼이 받아들일 수 있습니다.

어떻게 보면 이 세계 자체도 제멋대로 굴러가는 자동화 장치에 불과합니다. 모든 것이 화학과 물리 법칙이라는 전달 핀에 반응하면서 이리저리 움직이고 있을 뿐이에요. 그래요, 마음껏 비웃으세요. 나는 평생 이 여섯 살 감성을 간직한 채 살아가렵니다. 주행기록계에 영혼이 없다고 느껴지시나요? 마음대로 하세요. 주행기록계와 나는 이대로 행복하니까요.

어쨌든 우리에게는 이제 자동으로 수를 세어주는 단순하고도 정확한 기구가 생겼습니다. 각각의 자리마다 달린 손잡이로 어떤 수라도 쉽게 더할 수 있으며, 비록 아무것도 이해하지는 못하지만 자리 변환까지 척척 해냅니다.

그리고 인류는 수 세기에 걸쳐 이 아이디어를 정교하게 발전시켜 왔습니다. 15세기 이탈리아의 천재 과학자인 레오나르도 다빈치의 나무 톱니바퀴와 전달 핀은 이제 고도의 정밀화된 기계로 발전했습니다. 설계를 계속해서 개선함으로써 기계의 신뢰도는 높아지고 작동이 쉬워졌으며 할 수 있는 연산의 범위도 덧셈, 뺄셈, 자리 이동, 곱셈, 나눗셈까지 확장되었습니다. 당연히 훨씬 정교한 기계 장치를 구현해내야 했지만 전혀 어려운 일은 아니었습니다. 어떤 작업이 완벽히 기계적이고 순차적일 때 톱니와 지렛대에게 그 일을 떠넘겨줄 영리한 엔지니어가 등장하는 건 시간 문제이기 때문입니다.

휴대용 계산기의 탄생

1930년대 말 드디어 최초의 휴대용 계산기계인 쿠르타Curta 계산기가 등장했습니다.

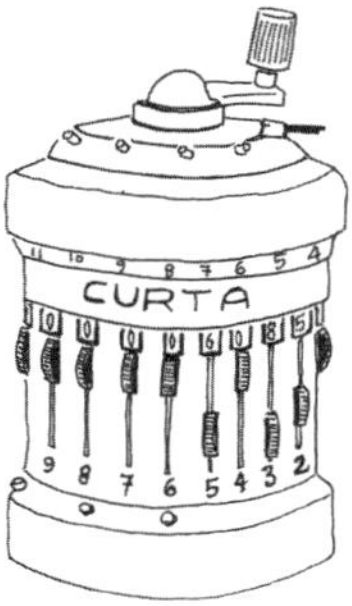

2차 세계대전 동안 나치 강제수용소에 수감되어 있던 오스트리아의 엔지니어 쿠르트 헤르츠슈타크Curt Herzstark가 작지만 정확하고 편리하며 효율적인 계산기를 만들어낸 겁니다. 쿠르타 계산기는 최대 열다섯 자릿수까지 정확히 계산해낼 수 있었으며 덧셈, 뺄셈, 곱셈, 나눗셈을 모두 몇 초안에 해낼 수 있었습니다.

하지만 머지않아 완전히 자동화된 전자계산기가 모습을 드러냈습니다. 나 역시 어린 시절 아버지의 전자계산기를 가지고 놀던 기억이 있는데, 초록색의 아주 크고 시끄러운 녀석이었습니다.

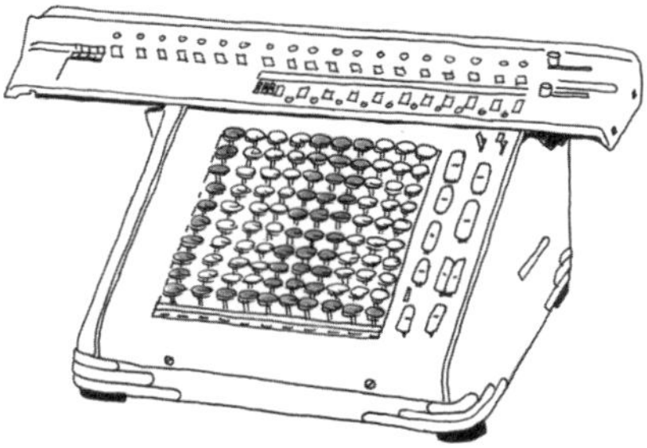

두 수의 곱을 구하려면 먼저 각 자리마다 숫자를 기입한 뒤 곱셈 단추를 눌러야 했어요. 그러면 철컥 철컥 하는 소리와 함께 합산 및 자리 변환을 시작했고, 몇 초 후면 곱해진 값이 표시창에 나타났습니다. 손잡이를 돌릴 필요가 아예 없어진 거예요!

탁상용 전자계산기와 사촌격인 자동 금전 등록기의 등장으로 산수는 완전히 구시대적인 것이 되어버렸습니다. 간혹 편지봉투 뒷면에 간단한 계산을 하는 경우는 있지만 복잡한 상업적, 과학적 계산은 이제 대부분 기계에게 맡기게 되었고, 또 그래야 합니다. 어쨌든 기계가 우리보다 훨씬 더 잘 하니까요. 결국 오늘날 종이와 연필을 써서 계산을 하는 유일한 사람은 학생들뿐인데, 그들도 사실 하고 싶어서 하는 건 아닙니다.

이 계산기의 유일한 단점은 크기와 무게였습니다. 연필이나 주판에 비해 휴대성이 훨씬 떨어졌어요. 이 마지막 기술적 장애물은 1950년대 초 트랜지스터가 개발되면서 극복되었습니다. 반도체를 이용한 전자기계로서 전압 제어 스위치 역할을 하는 트랜지스터는 나의 어린 시절 사용되던 크고 거대한 진공관을 대체하게 되었습니다. (고장 난 라디오나 텔레비전을 고치러 동네 철물점에 가서 아버지와 함께 진공관 시험기를 작동시켜보던 그 흥분이 아직도 생생하게 떠오르네요.) 그러자 즉시 작고 가벼우며 휴대가 편한 트랜지스터 라디오가 등장하였고, 인류는 역사상 처음으로 어디에서든 원하는 음악을 들을 수 있게 되었습니다.

트랜지스터는 진공관처럼 3극 단자로 이루어져 전류가 원하는 방향으로만 흐르도록(혹은 흐르지 않도록) 해줍니다.

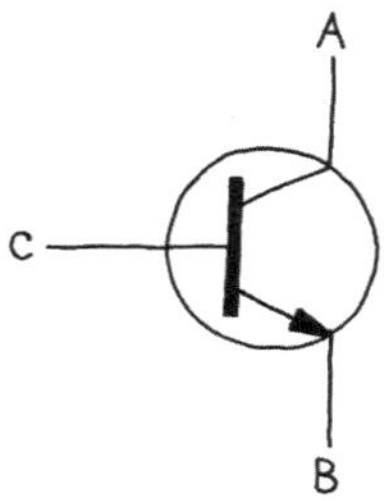

위의 그림에서 전류는 A극과 B극 사이를 흐르는데, 이때 세 번째 전극인 C극은 정확한 전압 수준으로 설정되어야 합니다. 전압이 다르면 전류는 흐르지 않습니다. 이런 성질 덕분에 우리는 마치 전달 핀처럼 '지능적인' 전기회로를 만들어낼 수 있게 되었습니다.

예를 들어, 트랜지스터를 이용하면 버튼 누르기 같은 자극에 따라 정보를 저장하고 조작하는 논리회로 및 기억회로를 만들 수 있습니다. 이리하여 기계식 계산기의 시대는 가고 아무런 소음도, (전자의 이동 외에는) 움직임도 없는 전자계산기의 시대가 열렸습니다. 전달 핀의 역할은 논리회로가 차지했고, 숫자 바퀴와 표시 창은 발광다이오드LED 일곱 조각을 이용한 디지털 화면으로 대체되었습니다.

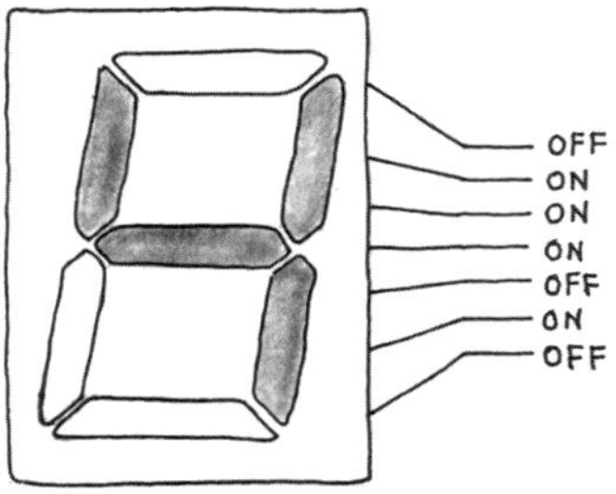

각 전극은 일곱 개의 LED 조각에 전류를 공급합니다. 그리고 입력되는 전압의 패턴에 따라 다양한 숫자가 표시됩니다. 예를 들어, 숫자 4는 다음과 같은 전압 패턴에서 나타납니다.

OFF ON ON ON OFF ON OFF

그런데 전자계산기는 또 다른 숫자 표현 체계의 사례이기도 합니다. 디지털 회로상의 정보는 전압이 ON인지 OFF인지에 따라 단 두 가지 상태로만 표현되기 때문에 전형적인 이진법의 형태를 띱니다. 예를 들어, 열셋이라는 수는 이진법으로 1101이므로 전자계산기의 기억회로에 ON ON OFF ON으로 저장되고, 덧셈을 비롯한 모든 논리 회로 역시 이와 같은 방식으로 설계됩니다. 하지만 고집스러운 인간 사용자들을 위해 LED화면에는 십진법에 따른 숫자가 구현되어야 하므로 주어진 정보를 완전히 다른 ON/OFF 체계에 따라 한 번 더 바꿔주게 됩니다.

이 시대에 산수를 한다는 것

물론 이 모든 회로를 설계하고 제작하여 작동시키는 데는 엄청난 노력이 필요합니다. 하지만 바로 그 과정이 전자공학의 묘미지요. 이런 기계들도 살아 있는 것처럼 보이냐고요? 요즘은 식당 번호표 뽑는 기계까지도 자동으로 숫자가 올라가는 걸요!

내가 고등학교에 다니던 1970년대 말쯤에는 누구나 휴대용 전자계산기를 썼습니다. 빠르고 조용하고 싸고 정확했으니까요. 쓰기 편하고 가볍고 휴대가 편한 전자계산기의 등장으로 기존의 모든 계산 기술은 구시대적인 것이 되어버렸습니다. 어느 집 서랍에나 전자계산기가 하나씩은 들어 있었죠. 계속되는 소형화와 대량생산 기조에 따라 계산기는 연필과 종이에 비해 더 빠르고 편리할 뿐 아니라 오히려 더 싸고 더 가벼워졌습니다.

그런데 오늘날에는 아무리 작고 효율적인 전자계산기라도 (각종 시험에서 쓰이는 경우를 제외하고는) 거의 쓰이지 않습니다. 노트북이나 스마트폰에 설치된 프로그램이 그 자리를 차지해버렸기 때문입니다. 이제 여러분은 아르키메데스가 몇 개월 동안 모래 위에 끼적이며 간신히 해내던 계산을 손목시계로도 해낼 수 있습니다.

모든 기술은 이런 식으로 발전합니다. 수 년 동안의 견습 기간과 경험을 필요로 하던 복잡한 기술은 정제 과정을 거쳐 아무 생각 없이 할 수 있는 반복적인 과정으로 바뀌고, 종국에는 기계의 일로 격하됩니다. 덕분에 공예가는 잡다한 계산에 쓸 에너지를 아껴 창의적인 작품 활동에 집중하게 되었고, 화가는 색감과 구상을 연구하는 데 시간을 쏟게 되었습니다.

반면 기계에 모든 일을 맡기게 되면서 과거 장인들이 갖추었던 깊이 있고 세련된 감각 역시 자취를 감추었습니다. 옛 인쇄소에서 아이들은 다양한 활자체와 그림에 둘러싸인 채 직접 한 줄 한 줄을 조판하여 찍어내는 힘든 과정을 견디며 자랐습니다. 손톱 사이에 낀 잉크 냄새와 질감은 장인의 남다른 미적 감각을 키워내는 힘의 원천이었지요. 마우스 클릭 몇 번이면 자동적으로 계산과 인쇄가 완료되는 오늘날의 세계에 이런 장인정신이 비참하리만큼 부족하다는 것은 부인할 수 없는 사실입니다.

결국 모든 것은 목표와 실용성의 문제로 귀결됩니다. 만약 흠 잡을 데 없이 아름다운 작품을 원한다면 구식 인쇄기를 사다가 직접 인쇄를 해야 합니다. 하지만 그냥 생일파티 초대장이 필요할 뿐이라면 클릭 한 번으로 순식간에 만드는 편이 낫습니다.

마찬가지로 영수증이나 세금 계산서에 총 얼마가 찍혔는지 알고 싶을 뿐이라면 그냥 계산기를 쓰세요. 나라도 당연히 그럴 겁니다. 누구든지 원하지 않는 한 산수를 깊이 이해할 필요는 없습니다. 하지만 어떤 일이든 원리를 제대로 이해하지 않고서는 만족감을 느낄 수 없는 경우가 있습니다. "페달에 발을 올렸을 뿐인데 자동차가 스스로 움직이다니, 도대체 어떻게 그런 일이 가능하지? 자동차로 슈퍼마켓이나 왔다 갔다 하느니 차라리 분해해버릴까?"라는 생각이 든다면 그때는 파고들어야 해요.

산수도 마찬가지입니다. 나는 산수가 그 자체로서 궁금합니다. 또한 수학자이기 때문에 추상적인 존재로서 그리고 구체화된 존재로서의 숫자를 더 잘 이해하고 싶습니다. 내가 어떤 문화적 선택의 결과에도 영향을 받지 않고 가능한 한 최대한 유연한 입장을 견지하고자 했던 것도 바로 이 때문입니다. 빠르고 정확하고 싸고 가벼운 전자계산기의 편리함이 아니라, 산수에 대한 추상적인 이해에서 나오는 지적이고 창의적인 시각을 갖추고 싶었어요. 이제 지루하고 기계적인 일은 기계에게 맡기고, 나의 정신에게는 상상과 재미로 가득한 일, 말하자면 수학 같은 것을 할 수 있는 자유를 선물해도 되겠지요?

13장

분수: 드디어 산수의 재미에 빠져들다

그렇다면 산수는 골동품이 되었나?

그리하여 산수의 문제는 이제 완벽하게 해결되었습니다. 싸고 가볍고 정확한 전자계산기의 등장으로 우리는 어디서든 복잡한 계산을 해낼 수 있습니다. 아주 오랜 세월 이어져오던 숫자 표현 체계와 계산 도구에 대한 대하소설은 이제 종말을 맞았습니다. 타불라와 칼쿨리, 계산용 동전, 주판은 전부 모아 쓰레기통에 처넣어도 됩니다. 연필과 종이는 서랍 속에 처박아두세요. 만약 인도-아라비아 십진법 자릿값 계산을 할 일이 생기면 그냥 스마트폰을 꺼내서 버튼 몇 개만 누르면 됩니다.

슬퍼하고 투덜거릴 이유가 없습니다. 그게 순리니까요. 그 많던 물레는 어디로 사라졌을까요? 여러분이 입은 그 티셔츠는 누가 만들었을까요? 누구긴 누구예요. 자동화 프로그램에 따라 움직이는 거대한 직조기계이지요. 그렇다고 그 모든 것이 영영 사라진 것도 아닙니다. 원한다면 언제든 옛 방식대로 옷을 짜 입을 수 있어요. 시간은 오래 걸리겠지만, 아마 돈도 훨씬 많이 들겠지만 털실과 뜨개질 도구는 지금도 어디서나 살 수 있습니다. 직접 해보셔도 좋아요.

마찬가지로 여러분은 원한다면 언제든 산수를 직접 할 수 있습니다. 돌무더기를 쓸 수도 있고 나만의 타불라를 만들어볼 수도 있습니다. 연세가 지긋하신 분들 중에는 아직도 주판을 즐겨 쓰는 분이 많은데 심지어 계산도 아주 능숙하고 빠릅니다. 쓰다 보니 산수가 무슨 진귀한 13세기 골동품처럼 느껴지는군요. 어쨌든 핵심은 최소한 일상적이고 실용적 관점에서만큼은 산수의 시대가 끝났다는 것입니다. 이제는 산수의 개념적이고 이론적인 측면에 집중하면서 그 아름다움을 탐닉하기만 하면 됩니다. 우리의 목표는 유용성과 실용성이 아닌 지적 즐거움과 이해입니다.

먼저 나눗셈 이야기로 돌아가봅시다. 그중에서도 아주 거슬렸던 녀석, 나머지에 관한 이야기입니다. 젤리 열일곱 개가 있었는데 넷이서 나눠 먹으려다 보니 하나가 남았습니다. 지나가는 개한테 던져줄 수도 있겠지만 이번에는 다른 관점으로 생각해봅시다.

아주 예리한 칼을 꺼내서 남은 젤리를 네 조각으로 자르면 어떨까요? 신중하게 자르면 똑같이 나눠 먹을 수 있을 겁니다. 결과적으로 젤리 열일곱 개를 넷이서 나머지 없이 완전히 나눈 겁니다. 한 사람이 먹는 젤리는 온전한 젤리 네 개와 (끈적끈적한) 작은 조각 하나입니다. 이처럼 조각난 부분에 대한 수학적 표현이 바로 분수(영어로는 fraction, '깨진'이라는 뜻의 라틴어 fractus에서 기원함)이며, 한 사람당 받은 젤리는 4와 4분의 1개입니다. 이처럼 경우에 따라 어떤 수를 분수를 써서 완전히 나눠버릴 수도 있고, 나머지를 (강아지 몫으로) 남겨둘 수도 있습니다.

물론 모든 사물을 이렇게 나눌 수 있는 건 아닙니다. 나누려는 대상이 바이올린이라면 나머지가 있어도 어쩔 수 없습니다. 세상에는 나눌 수 있는 것도, 없는 것도 있어요. 그 기준은 '대상을 더 이상 단순화할 수 있는가'입니다. 저는 이걸 울퉁불퉁한가 매끄러운가의 차이로 표현하곤 합니다. 우선 바이올린은 상당히 울퉁불퉁해서 반으로 자르면 그건 더 이상 바이올린이라고 할 수 없습니다. 강아지도 마찬가지이고요. 반면 우유는 원하는 대로 얼마든지 자르고 나눌 수 있습니다. 우유 1리터를 넷이서 나눠 마시고 싶으면 한 사람당 사분의 일 리터씩 마시면 됩니다. 사람 수가 많아질수록 단위는 컵에서 숟가락으로 심지어 방울까지 점점 작아지겠지만 아무리 그래도 우유가 우유이기를 거부하는 일은 없습니다. 우유는 다른 모든 액체가 그렇듯 매끄러우니까요.

그러므로 뭔가를 나누려면 울퉁불퉁한지 매끄러운지를 알아야 합니다. 나누려는 대상이 독립적이고 더 이상 나눌 수 없는 단위인가요, 아니면 아무 제한 없이 임의로 나눌 수 있는 존재인가요?

고대 이집트인은 분수를 어떻게 표기했을까?

사실 이건 굉장히 까다로운 문제입니다. 오래전부터 철학자와 과학자들은 실체의 본성에 관한 논쟁을 이어왔습니다. 시간과 공간은 울퉁불퉁할까요, 매끄러울까요? 물질은 과연 어디까지 쪼갤 수 있을까요? 그

답은 하나로 정해져 있지 않습니다. 예를 들어, 금의 원자는 여전히 금이지만, 원자보다 작은 단위로 쪼개진 금은 더 이상 금이라고 할 수 없습니다. 물질의 기본단위인 원자 'atom'의 어원 또한 '더 이상 나눌 수 없는'이라는 뜻의 그리스어였다고 합니다. 그런 관점에서는 금도 울퉁불퉁합니다. 반면 수십 수천억 개의 원자가 모여 있는 딱딱한 금 한 돈은 실용적인 관점에서 보면 완벽하게 매끄럽습니다. 결국 대상을 바라보는 관점에 따라 상황이 완전히 달라지는 것입니다. 여러분의 눈앞에 있는 그것, 과연 나눌 수 있을까요, 없을까요?

매끄러운 것과 울퉁불퉁한 것의 목록을 적어보라.

매끄럽기도 하고 울퉁불퉁하기도 한 것에는 무엇이 있는가?

어쨌든 가능한 한 끝까지 나눠버려야 불쾌한 나머지를 남기지 않을 수 있습니다. 이제 우리가 고대 이집트의 염소지기라고 상상해봅시다. 염소젖 ∩∩∩∩∩ |||병을 넷이서 나누려고 합니다.

먼저 각자 ∩병씩 나누면 ∩ |||병이 남습니다. 한 사람당 |||병씩 더 가져가고 나면 나머지는 한 병입니다. 이제 마지막으로 각자 4분의 1병씩을 더 가져갑니다. 이집트에서는 하나를 넷으로 나눈 수를 𓂋||||으로 표현했습니다. 위에 있는 콩이 '분수'를 의미했어요. 비슷한 원리에 따라 2분의1은 𓂋||로 표현했습니다. 다만, 자주 쓰이던 분수인 2분의 1과 3분의 2에는 더 간단한 축약형도 있었습니다.

그런데 만약 염소젖이 스물일곱 병(즉, ∩∩ |||||||병)이었다면 각자 여섯 병씩을 나눠 가지고 세 병이 남았을 겁니다. 세 병은 넷이서 어떻게 나눠야 할까요?

앞서, 돌아가며 조금씩 나누는 이집트식 나눗셈에 대해 살펴본 바 있지요? 이번에도 똑같습니다. 다만 한 번에 받는 단위가 반 병, 3분의 1병, 4분의 1병 등으로 작아졌을 뿐입니다.

위 사례에서는 세 병을 넷이서 나눠야 하므로 한 병씩 전부 가질 수는 없습니다. 그럼 반병씩은 가능할까요? 넷이서 각자 반병씩 가지면 총 두 병이고, 다시 한 병이 남습니다. 이제 마지막으로 4분의 1병씩 나눕니다. 결국 각자 받은 염소젖은 여섯 병, 반병, 그리고 4분의 1병의 합입니다. 이집트식으로 쓰면 다음과 같습니다.

이런 식으로 이집트인들은 자연수와 분수를 모두 기호로 표현할 수 있었습니다.

염소젖 여섯 병을 염소지기 여섯이서 어떻게 나누어 가질까?

이집트 서기들은 분수에 상당히 능했습니다. 견습생들이 풀었던 연습문제가 상당수 파피루스로 보존되어 있는데, 문제는 다음과 같았습니다.

인도-아라비아 식으로 간단하게 써보자

분수를 이렇게 점점 작은 수로, 나누어떨어질 때까지 나누는 이집트 식 계산법에는 장점도 있고 단점도 있습니다. 무엇보다도 이 방법은 명확하고 일관적입니다.

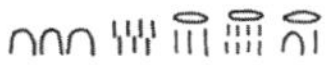

숫자가 중요성의 순서대로 쓰여 있네요. 먼저 온전한 한 단위 서른일곱 개가 눈에 들어오고, 그다음으로 3분의 1, 8분의 1, 11분의 1이 순서대로 나옵니다. 조금도 헷갈리거나 애매모호한 부분은 없습니다.

하지만 다소 길고 투박한 것도 사실입니다. 만약 분수가 대단히 작아지면, 정말 극단적으로 작아져서 수천분의 1까지 가게 되면 이런 식의 표현법은 대단히 불편해집니다.

그렇다면 주어진 수량을 한 번에 완전히 나눈 뒤 한꺼번에 나눠 주는 방법을 생각해볼 수 있습니다. 염소젖 스물일곱 병을 넷이서 나누려고 한다면 우선 여섯 병씩 가져가고 세 병이 남습니다. 이때 먼저 반병씩을 나눠 가진 뒤 다시 4분의 1병씩 나누는 게 아니라, 한 번에 4분의 3병씩을 나눠 가지는 겁니다.

이를 인도-아라비아 식으로 써보면 다음처럼 간단한 형태의 분수가 됩니다.

$6\frac{3}{4}$ "육과 사분의 삼"

여기서는 분수를 콩 대신 가로선으로 표현했습니다. (때로는 3/4처럼 표기하기도 합니다.) 가로선 아래의 4는 한 단위가 넷으로 나뉘었음을 뜻하며, 가로선 위의 3은 각자 가져갈 조각의 수를 의미합니다.

을 현대적 표기법에 따라 써본다면? 은 어떤가?

고대 이집트인들은 $\frac{7}{8}$을 어떻게 표기했을까?

이로써 모든 분수를 간명하고 편리하며 일관적인 틀에 맞게 표현하게 되었습니다. 예를 들어 $\frac{15}{32}$는 한 단위가 32조각으로 나뉘었으며 그중 15개를 취한다는 뜻입니다. 가로선 아래의 숫자는 전체를 몇 조각으로 나누는지를, 위의 숫자는 그중 우리가 몇 조각을 취하는지를 의미합니다. 아래의 수를 분모, 위의 수를 분자라고 하지요. 이렇듯 두 숫자의 역할은 완전히 다릅니다.

본질적으로 자연수와 다르지 않다

앞서 곱셈에서 3×5과 5×3의 의미가 서로 다르다는 점을 언급한 바 있습니다. 첫 번째 숫자는 뒤의 숫자가 몇 번 반복되는가를 뜻합니다.

그런데 의미는 다를지언정 두 수를 곱한 결과는 같으므로 곱셈이 대칭적이라는 사실도 살펴보았습니다.

분수는 그렇지 않습니다. $\frac{3}{5}$과 $\frac{5}{3}$는 완전히 다른 수입니다. 우선 전자는 한 단위를 다섯으로 나눈 뒤 그중 세 개만을 취한다는 뜻이므로 1보다 작습니다. 반면 후자는 삼분의 삼보다 큰 수이므로 1보다 큽니다.

그런데 $\frac{5}{3}$가 논리적으로 옳지 않으며 불필요한 형식이라고 생각하는 분들이 있습니다. 전혀 그렇지 않습니다. 이런 표기법은 앞서 117을 '십일십 칠'이라고 썼던 것과 비슷한 의미에서 아주 유용합니다. 물론 다른 수와 비교하기 위해 온전한 단위가 몇이나 되는지를 분명히 드러내고 싶다면 $1\frac{2}{3}$라고 써도 됩니다.

두 가지 표현은 5를 3으로 나누는 두 가지 방법을 각각 표상합니다. $1\frac{2}{3}$는 셋이서 각자 하나씩 먼저 나누고 그다음 나머지 두 개를 나누는 상황을, 반면 $\frac{5}{3}$는 하나하나를 전부 세 조각으로 나눈 뒤 한 사람당 다섯 조각씩 나눠 주는 상황을 의미합니다.

$\frac{17}{3}$과 $\frac{11}{2}$ 중 어느 수가 더 큰가?

여기서 꼭 알아둘 것은 분수가 자연수와 본질적으로 다르지 않다는 것입니다. 예를 들어, 일곱은 무엇이든 우리가 '하나'라고 인식하는 대상이 일곱 개 있다는 뜻입니다. 그건 일곱 마리의 소가 될 수도 있고, 일곱 개의 레몬이 될 수도 있으며, 일곱 개의 여섯(7×6)이 될 수도, 일곱 개의 백(7×100)이 될 수도 있습니다. 마찬가지로 $\frac{7}{8}$은 팔분의 일이 일곱 개 있음을 뜻합니다.

소 일곱 마리에 다섯 마리를 더하면 총 열두 마리가 되듯이 레몬이든 숫자 여섯이든 백이든 혹은 팔분의 일이든 덧셈의 원리는 똑같습니다. 그러므로 $\frac{7}{8}+\frac{5}{8}=\frac{12}{8}$입니다. 결국 산수의 기술이란 단위 선택의 문제로 귀결된다고 해도 과언이 아닙니다.

특히 분수와 수의 묶음에는 아주 밀접한 관계가 있습니다. 팔분의 칠과 팔분의 오를 더하여 팔분의 십이를 도출할 때 실제로 더해지는 건 칠과 오입니다. 그리고 팔분의 십이를 일과 팔분의 사로 표현하는 것은 십이를 여덟의 묶음 하나와 나머지 네 개로 나누어 인식한다는 점에서 팔진법을 쓰는 것과 다름없습니다. 일이 여덟 개 모여 한 묶음을 이루느냐 팔분의 일이 여덟 개 모여 한 묶음을 이루느냐의 차이만 있을 뿐이지요.

그러므로 심지어 돌멩이를 가지고 분수 계산을 할 수도 있습니다. 대신 반 개짜리 돌멩이라든가 4분의 1개짜리 돌멩이가 있어야겠지요. 아니면 분수를 포함하는 계산용 동전을 쓸 수도 있습니다. 예를 들어, 미국 화폐에는 1달러의 4분의 1 가치를 갖는 쿼터quarter가 쓰이는데, 1달러가 열 개 모여 10달러 지폐 한 장이 되는 것과 쿼터 동전 네 개가 모여 1달러 지폐 한 장이 되는 것은 본질적으로 동일합니다.

어떻게 쓰느냐는 선택하기 나름

열두 개가 들어 있는 달걀 한 상자는 (열두 개짜리) 하나이기도 하고 (낱

개의 계란) 열두 개이기도 하며, 둘 중 어떤 해석을 택하느냐는 온전히 우리의 몫입니다. 마찬가지로 2분의 1달러를 2쿼터나 5다임, 혹은 50센트로 볼 수도 있지요. 어떤 표현법에 따르느냐에 따라 모든 수에는 무한한 이름이 붙을 수 있습니다.

분자와 분모를 쓰는 현대적 표기법에 따르면 분수는 다음과 같이 수많은 형태로 표현됩니다.

$$\frac{1}{2} = \frac{2}{4} = \frac{3}{6} = \frac{4}{8} = \frac{5}{10} = \frac{6}{12} = \cdots$$

표현된 기호는 다르지만 위의 숫자는 모두 같은 수량, 즉 '하나'의 절반을 의미합니다. 그 하나가 염소젖 한 병이라면 위의 숫자들은 모두 한 병의 반이 채워진 상태를 말합니다. (혹시 조금 우울하다면 반병이 비었다고 표현할 수도 있어요.)

지금 우리는 정해진 양을 다양한 측정 단위를 이용하여 표현하고 있을 뿐입니다. 만약 반병을 측정의 기본 단위로 삼는다면 염소젖은 1단

위일 테고, 4분의 1이 기본 단위라면 2단위, 6분의 1이라면 3단위가 될 것입니다. 주어진 양은 같아도 묶음의 크기가 달라지는 겁니다.

심지어 3분의 1을 한 단위로 하여 주어진 양을 1과 2분의 1단위로 표현할 수도 있습니다. 즉, 다음과 같이 쓰더라도 전혀 틀리지 않습니다

$$\frac{1}{2} = \frac{1\frac{1}{2}}{3}$$

꼭 이렇게 써야 하는 경우를 상상하기는 좀 어렵지만, 혹시 모르죠. 어느 날 갑자기 3분의 1에 꽂힐 수도 있으니까요.

2분의 1을 7분의 1의 단위로 표현한다면?

십진법에 맞추기로 합시다

사실 실생활에서는 7분의 1이나 11분의 1 같은 터무니없는 분수가 등장하는 일은 거의 없습니다. 어느 요리책에서 설탕을 $2\frac{3}{5}$컵 넣으라고 하겠습니까?

특히 고대 이집트인들의 경우 거듭하여 이등분하기를 즐겨 했고 그 결과 같은 분수가 흔히 쓰였습니다. 음악에서 박자를 나눌 때에도 같은 이유로 2분 음표, 4분 음표 등이 자주 쓰입니다. 11분 음표 같은 희한한 박자는 20세기 아방가르드 음악가들이나 쓰겠지요.

그런데 무질서하게 난립하는 단위들을 정리하고자 미터법 체계가 도

입되면서 모든 분수는 인도-아라비아 숫자의 십진법 체계라는 동일한 기준하에 놓이게 되었습니다. 따라서 1보다 작은 수는 십진법에 맞게 10분의 1, 100분의 1, 1000분의 1을 기준으로 측정하게 되었고, 소수점으로 온전한 한 단위와 부분을 구분하여 표기하게 되었습니다.

따라서 오늘날은 모든 숫자를 십진법에 맞추어 측정하고 표현합니다. 예를 들어 3과 2분의 1은 3과 10분의 5로 측정하며 3.5라고 표현합니다. 그러므로 여러분이 미터법을 쓰지 않는 나라에 살고 있다면 귀찮은 계산을 몇 번 거쳐야 할 수도 있습니다.

어떤 물질 표본 1그램을 여덟 개의 시험관에 똑같이 나눠야 한다거나 옷감 5피트를 네 장으로 재단하여 커튼을 만들고자 하는 경우에도 문제가 생깁니다. 1그램의 팔분의 일이나 일과 사분의 일 미터를 십진법에 맞게 어떻게 표현할 수 있을까요? 팔분의 일은 아무리 째려봐도 십분의 일이 아닙니다. 여덟은 열이 아니니까요.

이런 경우에는 분수를 나눗셈 과정에서 발생한 결과물로 보기보다는 나눗셈 그 자체라고 생각하면 편리합니다. 그런 관점에서 보면 팔분의 일은 말 그대로 '일 나누기 팔'입니다. 따라서 $\frac{1}{8}$을 십진법으로 표현하려면 1을 숫자 8로 나누면 됩니다. 이때 1을 아주 큰 수, 말하자면 1000으로 바꾸고 나중에 자리 변환을 하는 것이 핵심입니다. 다시 말해서 1을 천분의 일이 천 개 있는 상황으로 바꾸어 생각해야 합니다.

1000을 8로 나누면 125이고 다행히도 나머지는 없습니다. 그러므로 팔분의 일을 십진법으로 표현하면 125/1000, 즉 0.125입니다. 팔분의 일이 알고 보니 십분의 일에 백분의 이와 천분의 오를 더한 수와 똑같았던 겁니다. 그러므로 필요하면 언제든 팔분의 일을 0.125로 대체할 수 있습니다.

$\frac{3}{8}$과 $\frac{5}{8}$를 십진법으로 표현하면?

마찬가지로 사분의 일은 0.25로, 사분의 삼은 0.75로 바꿔 쓸 수 있습니다. 여러분이 제인 오스틴이나 찰스 디킨스 시대의 영국처럼 말도 안 되는 화폐 단위를 쓰는 나라에 살고 있지 않다면 아마 이런 표현을 흔히 접했을 겁니다.

야구장의 할, 푼, 리

분수를 십진법 형태로 표현하는 또 하나의 전형적인 사례는 야구의 타율입니다. 타율이란 어떤 선수가 주어진 모든 타격 기회에 대하여 안타를 몇 번이나 쳤는지를 산출한 수치입니다. 예를 들어, 미국의 전설적인 야구선수 테드 윌리엄스가 한 시즌 동안 일흔일곱 번 타석에 섰고 스물아홉 번의 안타를 쳤다면 그의 평균 타율은 29/77입니다. 그런데 선수들 간 타율을 비교하거나 지난 시즌과 올 시즌 성적을 비교하기 위해서는 타율을 일정한 기준에 따라, 즉 십진법으로 표현해야 합니다. 보통 타율은 소수점 아래 넷째 자리에서 반올림합니다. 따라서 29를 77로 나누어 위 선수의 타율을 계산해보면 다음과 같습니다.

```
              376
77         29000
           231
            590
            539
             510
             462
              48
```

나머지 48이 77의 절반을 넘으므로 넷째 자리에서 반올림하면 최종 타율은 0.377입니다. “이번 시즌 타율이 삼할 칠푼 칠리였어!”라고 읽기도 합니다. (그나저나 정말 대단한 기록이군요!)

분수를 십진법으로 표현하는 또 다른 사례로 퍼센트, 즉 %를 들 수 있습니다. 퍼센트란 백분율, 즉 전체수량을 100으로 할 때 그에 대한 비율을 의미합니다. 따라서 $\frac{1}{4}$은 25%라고 쓰며 그 의미는 100분의 25입니다. 물론 이건 0.25에 약간 다른 옷을 입힌 것과 다름없습니다.

그런데 퍼센트 기호 %는 어떻게 만들어졌을까요? 고대 로마의 서기들이 ‘그리고’라는 의미의 라틴어 ‘et’를 매번 쓰기가 귀찮아서 &라는 기호를 만들어냈듯이 ‘100개당’이라는 뜻의 라틴어 ‘per centum’은 시간이 흐름에 따라 변화를 거듭하다가 결국 퍼센트 기호, 즉 %로 축약되었습니다. 그러므로 퍼센트 기호는 ‘백분의’라는 말과 본질적으로 같으며, 25%는 100분의 25의 또 다른 표현에 지나지 않습니다.

지금 우리는 마치 미터법을 도입하기 위해 단위를 변환하던 것처럼 다양한 분수를 (분모가 몇이든 상관없이) 십 중심의 문화에 맞게 적응시키고 있을 뿐입니다. 방법도 어렵지 않습니다. 나머지가 무의미할 정도로 작아질 때까지 분자를 분모로 계속 나누기만 하면 됩니다.

물론 분모가 이미 십이나 백이라면 아무것도 바꿀 필요가 없습니다. 0.01은 그 자체로 백분의 일을 뜻하기 때문입니다. 따라서 $\frac{37}{100}$(혹은 37%)의 십진법 표현은 0.37입니다.

다만 십은 아주 임의적인 숫자에 불과하기 때문에 모든 분수가 숫자 십과 잘 맞아떨어지지는 않습니다. 예를 들어 $\frac{2}{3}$를 십진법으로 표현하기 위해 2000을 3으로 나눌 경우 다음과 같은 재미있는 현상을 목격하게 됩니다.

```
  666
 2000
 18
  20
  18
   20
   18
```

나눌 때마다 2가 남아서 무한 나눗셈의 늪에 빠지고 말았습니다. 왠지 짜증나면서도 멋지지 않나요? 결국 $\frac{2}{3}$는 십분의 일이든 백분의 일이든 천분의 일이든 십진법으로는 정확히 표현할 수 없으며 얼마나 오랫동안 나누기를 하더라도 나머지는 사라지지 않습니다.

완벽한 측정은 불가능하다

이처럼 삼과 십은 서로 잘 안 맞습니다. 삼으로 나뉜 수는 십진법으로 표현하기에 적합하지 않고, 마찬가지로 어딘가에 삼진법의 세상이 있었다면 십으로 나뉜 수를 표현하기가 쉽지 않았을 겁니다.

따라서 모든 분수가 십진법으로 정확히 표현되지는 않습니다. 물론 $\frac{2}{3}$라는 수를 0.666…처럼 무한대의 형태로 표현할 수는 있겠지요. 아주 흥미로운 방법이긴 하지만 현실적이진 않습니다. 포목점에서 옷감을 고르다가 갑자기 전자 현미경을 꺼내서 6나노미터를 재려고 한다면 가게 주인의 표정이 어떻게 변하겠어요?

당연히 그렇게까지 정확하게 측정하려는 사람은 아무도 없습니다. 그럴 필요가 없을 뿐더러 하고 싶어도 할 수가 없어요. 목수는 나무를 얼마나 정확하게 자를 수 있을까요? 나무는 날씨에 따라 길이 자체가 끊임없이 변합니다. 게다가 자른 목재가 백분의 일인치 정도 길면 그냥 사포질을 해버리면 되지 않겠어요? 사포와 회반죽은 그럴 때 쓰라고 있는 겁니다. 목공이나 바느질, 요리에서도 필요 이상의 정확성을 기대하는 사람은 없습니다. 한 뼘 두 뼘 대강 측정하는 편이 훨씬 효과적이에요. 그런데 과학자나 엔지니어들도 크게 다르지 않습니다. 허용되는 오차는 물론 더 작습니다. 목수나 재봉사라면 몇 밀리미터 정도의 오차는 문제되지 않지만, 핵물리학자에게는 소수점 이하 일곱, 여덟 자리까지의 정확성이 요구되기도 합니다. 하지만 수십억분의 일밀리미터에 이르는 극단적으로 작은 수치는 애초에 측정할 기계가 없습니다.

게다가 물리적 실체의 본질적 특성 때문에라도 완벽하게 정확한 측정은 불가능합니다. 우리 코의 길이는 정확히 얼마일까요? 코는 정확히 어디에서 시작해서 어디에서 끝날까요? 우리 눈에는 보이지 않지만 공기 중의 분자와 코를 이루는 분자는 끊임없이 서로 자리를 뒤바꾸며 요동치고 있습니다. 코는 통계적인 개념에 불과하므로 그 정확한 길이는 존재하지 않습니다. 우주에 존재하는 다른 모든 사물 역시 마찬가지입니다.

하지만 또 다른 세계를 생각해볼 수 있습니다. 모든 것이 정확하게 측정되는 상상 속의 세계 말입니다. 이런 완벽의 세계에서는 과연 어떤 일이 벌어질까요? 물론 이건 순수하게 철학적인 가정에 따른 것이며 어떤 실용적 목적도 없이 순전한 지적 즐거움을 얻기 위한 탐구에 불과합니다. 하지만 우리가 사는 세상은 애매모호하고 불분명하고 제멋대로인 동시에 정확성에 상당한 정도로 근접하는 경우도 많습니다. 따라서 허구일 수밖에 없는 수학적으로 완벽한 세상은 우리에게 실제에 대한 새로운 시각을 제공해주며, 또한 추상적 숫자 그 자체를 더 잘 이해하도록 도와줍니다.

그런 세상이 현실에 비해 얼마다 더 단순하고 명쾌한가에 대해서는 굳이 설명할 필요가 없습니다. 저를 비롯한 많은 수학자들은 이미 이런 '수학적 실체의 세계'에서 많은 시간을 보내고 있어요.

두 분수를 어떻게 비교할까?

그렇다면 이 수학적 실체의 세계에서는 과연 어떤 일이 벌어질까요? 예를 들어, 그곳에서는 $\frac{2}{3}$가 정확한 하나의 수치로서 존재할 뿐, 0.6666

을 비롯하여 다른 어떤 근사치와도 완전히 다릅니다. 삼분의 이는 스스로가 표방하는 바로 그것, 즉 삼분의 일이 두 개 모인 존재입니다. 그리고 삼분의 일이란 다름 아니라 세 개를 모아 놓으면 하나가 되는 존재입니다.

그런데 무엇이 하나 있다는 걸까요? 순전히 수학적인 세상에서 우리는 어떤 대상을 세고 측정할까요? 여기서 우리는 수학의 단순함과 추상적인 아름다움을 엿볼 수 있습니다. 우리는 레몬이라든가 염소를 세지 않습니다. '하나'란 실제로 존재하는 어떤 대상 하나가 아니라, 추상적인 의미로서의 하나입니다. 하나로서의 본질적 특성을 담고 있는 상상 속의 실체 말입니다. (어쩐지 사이비 교주가 하는 소리 같군요.)

이제 우리에게는 '하나, 둘, 셋' 같은 자연수 말고도 이분의 일, 삼분의 이, 십일분의 오십칠 등 수없이 많은 수가 주어졌습니다. 우리는 이제 이런 숫자가 어떤 의미인지를 분명히 이해하며, 분모와 분자라는 아주 훌륭한 기호 체계도 갖추었습니다. 여기에 따르면 위의 수는 $\frac{1}{2}$, $\frac{2}{3}$, $\frac{57}{11}$로 표현됩니다. 이 얼마나 명확한가요? 예를 들어 $\frac{57}{11}$은 하나를 11등분한 조각이 57개인 상태를 뜻합니다.

분수라는 새로운 수의 등장으로 산수에는 새로운 문제들이 무더기로 나타났습니다. 또 한 번 재치와 상상력을 발휘할 기회이기도 하지요. 가장 먼저 해결할 문제는 '두 분수의 크기를 어떻게 비교할 것인가?'입니다.

비교하려는 두 분수의 분모가 다행히 같다면 어려울 것이 전혀 없습니다. $\frac{9}{11}$와 $\frac{7}{11}$은 둘 다 분모가 11이고 9가 7보다 크므로 당연히 전자가 더

큽니다.

분자가 같은 경우도 비교는 쉽습니다. 조각의 개수는 동일한데 조각의 크기가 다른 상황이지요. 더 많이 나눌수록 한 조각의 크기는 더 작아지게 마련이므로, 예컨대 오분의 일은 칠분의 일보다 크기 때문에 $\frac{4}{5}$는 $\frac{4}{7}$보다 큽니다.

$\frac{3}{7}$과 $\frac{2}{5}$ 중 더 큰 수는?

이번에는 조각의 크기가 서로 다르군요. 하나는 칠분의 일을 기준으로, 또 하나는 오분의 일을 기준으로 삼고 있습니다. 사과와 오렌지를 비교하는 격입니다.

그런데 이 상황 익숙하지 않으신가요? 곱셈에서도 비슷한 문제를 다룬 적이 있습니다. 5×8과 6×7을 비교할 때 하나는 여덟을 기준으로, 또 하나는 일곱을 기준으로 삼는 데서 문제가 비롯되었습니다. 그래서 어떻게 했었지요? 수를 재배열했습니다.

다시 말해서 두 수를 같은 묶음으로 표현되도록 변형시켰습니다. 이를 위해 여덟 개씩 다섯 묶음을 일곱 개씩 몇 묶음으로 바꿀 수도 있고, 반대로 일곱 개씩 여섯 묶음을 여덟 개씩 몇 묶음으로 바꿀 수도 있지만, 보통은 두 수를 제3의 편리한 묶음, 즉 십의 묶음으로 바꾸어 비교했습니다. 이러면 공통의 언어로 상황을 쉽게 이해할 수 있었지요.

십진법과 근삿값만으로 부족하다면?

분수도 똑같습니다. 어찌 보면 $\frac{3}{7}$ 같은 수는 곱셈과 정말 비슷합니다. 묶음의 크기가 칠분의 일일 때 묶음의 세 배를 뜻한다고 볼 수 있기 때문입니다. 결국 하나는 묶음 크기가 칠분의 일이고 다른 하나는 오분의 일이므로 공통의 묶음, 즉 주어진 두 수를 쉽고 정확하게 표현해 줄 제3의 수를 찾아야 합니다.

그런데 십분의 일은 좋은 대안이 아닙니다. $\frac{2}{5}$는 괜찮지만 $\frac{3}{7}$은 십분의 일로 바꾸기가 어렵기 때문입니다. 그러면 십진법 표현법에 따라 다음과 같은 근삿값을 쓰면 어떨까요?

$$\frac{2}{5} = 0.400\ldots$$
$$\frac{3}{7} = 0.428\ldots$$

이렇게 하면 실제로 $\frac{3}{7}$이 $\frac{2}{5}$보다 약간 크다는 사실을 알 수 있습니다. 하지만 근삿값 계산에 시간과 노력이 드는 데다(계산기 사용을 추천합니다), 보기도 안 좋고 뭔가 정확하다는 느낌도 안 듭니다.

게다가 아주 미묘한 문제가 하나 더 있습니다. 만약 두 분수가 거의 비슷한데 똑같지는 않은 경우에는 어떤 일이 벌어질까요? 소수점 아래 서로 다른 숫자가 나올 때까지 한참이나 나누기를 하고서야 어떤 수가 더 큰지 알 수 있습니다. 심지어 두 분수가 사실 완벽히 똑같은데 서로 다르게 표현되었다면(예컨대 $\frac{91}{117}$과 $\frac{273}{351}$) 무한히 나눠도 결과는 계속 같을 겁니다. 한 번만 더 나누면 알 수 있지 않을까 하는 희망고문에 시달리면서 영영 어느 수가 더 큰지를 알 수 없습니다. 이렇게 복잡한 데다 시간낭비가 심한 방법을 쓸 수는 없겠지요.

그래서 우리는 '공통분모', 즉 오분의 일 및 칠분의 일 모두와 호환할 수 있는 분모를 찾아서 두 숫자를 같은 언어로 표현해야 합니다. 각 분수에 새로운 이름을 붙여주는 셈입니다.

공통분모를 만들어 간단히 해결

앞서 우리는 모든 분수가 수없이 다양한 모습으로 표현될 수 있음을 살펴보았습니다. 즉 $\frac{1}{3}$은 $\frac{2}{6}$이나 $\frac{3}{9}$과 같습니다. 이미 나누어진 조각이라도 언제든 더 잘게 쪼갤 수 있기 때문입니다.

같은 수의 달걀을 세더라도 저는 열두 개들이 달걀 묶음을 세고, 여러분은 낱개 달걀의 수를 센다면 서로 단위가 다르기 때문에 정답도 달라집니다. 마찬가지로 저는 삼분의 일을 세는데 여러분은 육분의 일을 센다면 여러분의 정답은 저보다 두 배만큼 커집니다. 저의 한 조각이 여러분의 두 조각과 같기 때문입니다.

즉, 같은 양을 표현하고자 할 때 단위가 작아지면 더 많은 수가 필요해집니다. 만약 저의 단위가 여러분의 단위보다 정확히 다섯 배 크다면 여러분은 저보다 다섯 배 많은 수를 필요로 할 것입니다. 이해되시지요?

그러므로 분모와 분자가 같은 비율로 늘어나면, 즉 분모 분자에 같은 수를 곱하면 분수의 크기는 변하지 않습니다. 예를 들어 $\frac{2}{3}$는 $\frac{8}{12}$과 같습니다. 분자와 분모 모두에 4가 곱해졌으니까요. 삼분의 일 단위로 측정하고 두 조각을 세는 대신, 기존의 단위를 다시 넷으로 쪼개어 총 열두 등분을 하고, 분자 역시 네 배를 센 것입니다.

그러므로 분모 분자를 같은 비율로 '부풀리면' 분수 그 자체는 변하지 않습니다. 덕분에 우리는 마치 필요에 따라 묶음의 크기를 조정할 수 있었던 것처럼 분수의 이름을 자유롭게 선택할 수 있습니다.

분수 $\frac{49}{21}$를 더 작은 분모와 분자로 표현할 수 있는가?

'부풀리기'와 관련하여, 확대 인쇄가 가능한 복사기처럼 주어진 숫자를 확대하거나 축소하는 '숫자 복사기'를 상상해보면 분수의 이해가 쉬워집니다. 숫자 복사기에 확대 계수나 축소 계수를 설정하고 어떤 수를 넣으면 그 숫자가 주어진 계수만큼 확대 또는 축소되어 나온다고 상상해봅시다. 예를 들어 $\frac{3}{7}$은 숫자 1을 넣고 7배 축소한 뒤에(즉, 칠분의 일 크기로 줄인 뒤) 다시 3배만큼 부풀려서 나온 수라고 볼 수 있습니다.

편리하게도 확대와 축소는 순서가 바뀌어도 전혀 상관없습니다. 즉, 먼저 두 배 부풀리고 그다음 세 배를 부풀리든, 반대의 순서로 하든 결과는 똑같은 6배입니다. 마찬가지로 1을 먼저 세 배하고 그 뒤에 7배를 줄여도 결과는 $\frac{3}{7}$입니다. 1 세 개를 7로 나눈 것과 '축소된 1', 즉 칠분의 일이 세 개 있는 것은 개념적으로 똑같기 때문입니다. 이는 앞서 페니와 다임 몇 개에 십을 곱하기 위해 페니를 다임으로, 다임을 달러로 바꾸었던 것과 같습니다.

결국 우리는 언제든 조각의 크기(분모)와 그 조각의 숫자(분자)를 모두 부풀리거나 축소함으로써 주어진 분수에 새로운 이름을 붙여줄 수 있습니다.

그래서 이런 성질이 분수의 비교에 어떻게 도움이 될까요? 분모 분자의 크기 조정을 통해 비교하려는 두 분수의 분모를 일치시키면 분자만으로 어느 수가 더 큰지 알 수 있습니다. 예를 들어, 앞서 살펴보았던 분수 $\frac{3}{7}$과 $\frac{2}{5}$의 경우 분모 7과 5가 달라서 직접 비교하기가 어려웠는데요, 이제 두 수의 새로운 이름을 살펴봅시다.

$$\frac{3}{7} = \frac{6}{14} = \frac{9}{21} = \frac{12}{28} = \frac{15}{35}$$
$$\frac{2}{5} = \frac{4}{10} = \frac{6}{15} = \frac{8}{20} = \frac{10}{25} = \frac{12}{35} = \frac{14}{35}$$

아하! 분모가 삼십오로 똑같은 경우가 존재하는군요. $\frac{3}{7}$과 $\frac{2}{5}$는 그 온순한 모습 뒤에 $\frac{15}{35}$과 $\frac{14}{35}$라는 비밀스러운 정체를 간직하고 있었던 겁니다.

공통분모 찾는 법

이제 분수의 비교가 우스울 정도로 쉬워졌습니다. 게다가 그 차이가 얼마인지도 정확히 알 수 있습니다. $\frac{3}{7}$은 $\frac{2}{5}$보다 정확히 만큼 $\frac{1}{35}$ 더 크군요. 이렇듯 공통분모를 찾는 전략은 아주 유용합니다. 어떤 것도 바꾸지 말고 어떤 것도 추측하지 말고 그저 분명한 진실이 드러날 때까지 분수에게 새 이름을 붙여주세요.

물론 이쯤에서 어떻게 하면 공통분모를 가장 효율적으로 찾을 것인가의 문제가 제기됩니다. 앞에서는 공통분모를 찾을 때까지 가능한 모든 분수를 나열하는 시행착오를 거쳤습니다. 하지만 너무 느리고 지루하죠. 훨씬 쉽고 똑똑한 방법이 있습니다.

분모 7과 5의 공통분모가 7과 5의 곱인 35라는 사실을 상기해보세요. 이건 우연이 아닙니다. 사실 공통분모를 찾는 가장 쉬운 방법은 한 분수를 다른 분수의 분모만큼 부풀리는 겁니다. 즉, $\frac{3}{7}$의 분모와 분자는 각각 5배로 조정하고, $\frac{2}{5}$의 분모와 분자는 각각 7배로 조정합니다. 기존 분모에 서로의 분모를 곱했으니 둘은 같을 수밖에 없습니다. 다시 말해서 분수의 조정 계수는 비교하려는 다른 분수에서 찾을 수 있습니다.

직접 해봅시다. $\frac{3}{8}$과 $\frac{2}{5}$를 비교하려고 합니다. (방금 $\frac{2}{5}$는 $\frac{3}{7}$보다 작은 수임을 확인했지만 $\frac{3}{8}$ 역시 $\frac{3}{7}$보다 약간 작은 수이므로 어느 수가 더 큰지 한눈에 알기 어렵습니다.) 이제 $\frac{3}{8}$은 5를, $\frac{2}{5}$는 8을 계수로 하여 조정합니다.

$$\frac{3}{8} = \frac{15}{40} \text{ 그리고 } \frac{2}{5} = \frac{16}{40}$$

따라서 $\frac{2}{5}$가 더 크다는 사실이 쉽게 도출됩니다. 게다가 그 차이가 $\frac{1}{40}$이라는 사실도 덤으로 알 수 있지요.

분수의 덧셈과 뺄셈도 간단하게

이렇듯 공통분모를 찾으면 분수의 덧셈, 뺄셈, 비교가 아주 쉬워집니다. 모든 수량이 같은 단위로 측정되고 모든 조각에는 같은 이름표가 붙으니까요. 예를 들어 $\frac{3}{8}+\frac{2}{5}$는 다음의 형태로 다시 쓸 수 있습니다.

$$\frac{15}{40}+\frac{16}{40}=\frac{31}{40}$$

두 수의 합은 $\frac{3}{4}$보다 아주 조금, 즉 $\frac{1}{40}$만큼 더 크군요.

$\frac{1}{2}+\frac{1}{3}+\frac{1}{5}$은 1보다 큰가?

그러나 전에도 언급했다시피 계산에 절대적 규칙이란 존재하지 않습니다. 실생활에서는 사실 전자계산기로 근삿값을 구해서 비교하는 것이 훨씬 실용적입니다. 어떤 이유에서든 $\frac{2}{7}+\frac{5}{8}$가 1보다 작은지 알고 싶다면 스마트폰을 꺼내서 2÷7+5÷7을 찍으세요. 0.1초 만에 0.910714285라고 나올 겁니다. 고민할 필요가 없어요.

그러고 보니 잊은 게 있군요. 나눗셈 기호 ÷는 사실 분수의 가로선에 위아래로 점을 찍은 것이며, 두 점은 숫자가 어디에 쓰여야 하는가를 나타냅니다.

어쨌든 분수의 계산 자체가 생활에서 필요한 경우는 거의 없습니다. 우리가 분수를 공부하는 건 그저 그 행동패턴을 알기 위해서입니다. 만약 여기에 관심이 없다면 지금이라도 책을 덮으시기 바랍니다. 하지만 아주 명쾌하면서도 흥미진진한, 그러면서도 동시에 추상적이고 쓸 데 없는 것들에 관심이 있다면? 당연히 계속 읽으셔야죠!

공통분모를 이용하면 분수의 덧셈, 뺄셈, 비교는 분자들 간의 계산으로 변합니다. 아주 단순한 자연수의 계산과 같아지지요.

상황에 따라 다르게 표현한다

그런데 곱셈과 나눗셈이라면 어떨까요? $3\frac{1}{4}$이 $2\frac{1}{2}$번 반복된다는 게 가능할까요? $\frac{3}{8}$을 $\frac{4}{5}$로 나누는 건 어떤가요? 이런 질문이 애초에 말이 되기는 하는 걸까요? $17\frac{1}{2}$개의 젤리를 $4\frac{1}{2}$명이서 나누어 먹는다니!

이 문제를 자세히 다루기 전에 지금까지 논의한 다양한 수 표현의 장단점에 대해 몇 가지 생각해봅시다. 대부분 미학적 측면의 논의이므로 그저 나의 개인적인 취향과 의견일 뿐입니다.

예를 들어, 이와 사분의 일이라는 분수는 인도-아라비아식 표현법에 따라 다음과 같이 쓸 수 있습니다.

$$2\frac{1}{4}, 2.25, \frac{9}{4}$$

첫 번째 표현은 특히 요리책이나 목공 교재에 자주 등장합니다. 분명한 비교가 가능(2보다 약간 큰 수)하며, 계량컵이나 자 등 도구를 써서 측정할 때 큰 단위를 우선 처리할 수 있어서 특히 유용합니다.

두 번째 형태는 과학자나 엔지니어들이 고도로 정밀한 근사치를 표준화된 수치를 이용하여 비교하고자 할 때 자주 씁니다.

반면 세 번째 형태는 머리가 너무 크고 실용적이지 못해서 비웃음을 사는 일이 많습니다. 얼마나 큰 수인지 분명하게 드러나지도 않습니다. 예를 들어, 이 수가 2보다 큰지 알려면 재조정이 필요합니다.

하지만 세 번째 형태는 수학적인, 즉 순수하게 이론적인 목적에 유일하게 적합합니다. 우선 모든 정보가 아주 간결한 형태로 포함되어 있습니다. 사분의 일이 아홉 개 있다는 사실을 한눈에 알 수 있으므로 계산이 훨씬 단순해지지요. 무엇보다도 모든 숫자를 언어적으로 똑같이 표현할 수 있게 해주므로 전체와 부분의 구분이 없어집니다. 그래서 나는 터무니없어 보일지 몰라도 가끔 6을 $\frac{6}{1}$으로 쓰기도 합니다.

팔과 삼분의 일을 위의 세 가지 형태로 표기해보시오.

철저히 취향의 문제이긴 하지만 바느질을 하거나 빵을 구울 때에는 자연수와 분수의 합으로 이루어진 형태($2\frac{1}{4}$)를, 실험실에서는 소수점 형태(2.250)를, 숫자의 성질을 탐구할 때에는 순수한 비율의 형태($\frac{9}{4}$)를 사용하기를 추천합니다.

분수가 재미있으면서도 헷갈리는 한 가지 이유는 다양한 해석이 가능하기 때문입니다. 예를 들어, $\frac{2}{3}$라는 분수는 측정값(한 단위를 셋으로 나눈 것 중 두 부분), 나눗셈(젤리 두 개를 셋이서 나누어 먹을 때 한 사람의 몫), 비율(3에 대한 2의 비), 조정(2배로 부풀리고 3배 축소하는 것) 등 다양한 의미로 해석될 수 있으며, '3을 곱했을 때 2가 되는 수'라는 지극히 추상적인 의미로도 볼 수 있습니다. 관점별로 다르게 그려지는 머릿속 이미지와 함축적 의미는 여러 가지 상황에서 유용하게 쓰입니다.

분수의 곱셈을 해보자

분수의 곱셈이나 나눗셈을 할 때는 조정의 관점으로 보면 편리합니다. '곱하기 2', 즉 두 배는 숫자 복사기에 계수를 2로 설정하여 확대하는 것이며, '나누기 2', 즉 절반으로 줄이는 것은 계수를 2로 설정하여 축소하는 것과 같습니다. 2를 뺀다는 게 아니라 기존 크기의 절반으로 규모를 조정한다는 뜻입니다. 여기서 숫자 2는 전체 수를 줄이거나 늘리는 기준, 말하자면 숫자 복사기에 설정하는 조정 계수입니다.

그런데 자연수의 곱이든 분수의 곱이든 본질적인 의미는 같습니다. 예를 들어 "머핀 여섯 개 먹어야지!"와 같은 자연수의 곱은 주어진 대상(머핀)을 곱해진 수만큼 취한다는 뜻입니다. 한편 "누가 머핀을 3분의 2나 먹었어!"와 같은 분수의 곱은 주어진 대상을 분수만큼 취한다는 뜻입니다. 결국 어떤 수에 분수를 곱하는 것은 주어진 수를 딱 그만큼 취한다는 의미에서 자연수의 곱과 다르지 않습니다.

따라서 '여섯의 일과 이분의 일 배'는 여섯을 먼저 한 번 취하고, 다시 절반만큼을 더 취한다는 뜻입니다. 그러므로 여섯에 여섯의 반인 셋을 더하면 9, 즉 $1\frac{1}{2}\times6$이 나옵니다.

그런데 $1\frac{1}{2}$을 $\frac{3}{2}$으로 바꾸어 생각할 수도 있습니다. 그러면 구하려는 수는 '6의 절반의 세 배'이므로 곧 '3의 세 배', 즉 9입니다. 그것도 아니면 6을 숫자 복사기에 넣어서 먼저 반으로 축소한 뒤에 다시 세 배 확대한다고 볼 수도 있습니다. 물론 순서를 바꾸어 먼저 세 배한 뒤(6×3=18) 반으로 줄여서 9를 얻을 수도 있고요. 이와 같이 분수는 여러 관점으로 해석될 수 있습니다. 여러분도 다양한 해석의 과정을 즐겨보시기 바랍니다.

아, 방금 한 가지 해석이 더 떠올랐어요. 곱셈의 대칭성을 이용하면 6의 $1\frac{1}{2}$배는 $1\frac{1}{2}$의 6배와 같습니다. $1\frac{1}{2}$이 두 개면 3이고, 여섯은 2의 세 배이므로 답은 앞에서와 마찬가지로 3의 세 배, 즉 9가 나옵니다.

개인적으로는 숫자 복사기의 비유가 가장 유용하다고 생각합니다. 예를 들어 $2\frac{1}{3}$의 $3\frac{1}{2}$배를 계산하려고 합니다. 여러 방법이 있겠지만 나는 가장 먼저 모든 수치를 순수한 분수의 형태, 즉 $\frac{7}{2}\times\frac{7}{3}$로 만들겠습니다. 그리고 각각의 분수를 복사기 작동 안내문이라고 생각합니다. 즉, 1을 복사기에 찔러 넣고 7배로 부풀린 다음 3배 축소하도록 설정합니다. 그러면 $\frac{7}{3}$배가 되겠지요. 다음으로 7배로 다시 부풀린 다음 2배 축소합니다. 이건 $\frac{7}{2}$배를 의미합니다. 그런데 축소하거나 확대하는 순서는 자유롭게 바꿀 수 있으므로 위의 과정을 1을 7배로 두 번 확대하고 2배로 한 번, 3배로 한 번 축소한다고 바꿔도 됩니다. 다시 말해서 49배 확대하고 6배 축소하는 것입니다. 분수의 형태로 쓰면 $\frac{49}{6}$입니다. (앗! 복사기에서 시끄러운 소리가 나는군요. 원본을 깜빡하고 안 뺐나봅니다.)

이렇게 하여 $\frac{7}{2}\times\frac{7}{3}=\frac{49}{6}$를 도출했습니다. 물론 $8\frac{1}{6}$이라고 써도 됩니다.

당신이 제빵사이고 밀가루를 몇 컵이나 넣어야 하는지 알고 싶었던 거라면 당연히 후자가 좋겠지요. 여덟 컵에 추가 $\frac{1}{6}$컵이 $\frac{1}{6}$컵 마흔아홉 번보다는 훨씬 손을 아낄 수 있으니까요. 하지만 숫자 그 자체에 관심 있는 수학자에게는 $\frac{49}{6}$가 훨씬 편리하고 직관적입니다. 우선 분수의 곱셈이 어떻게 이루어지는지를 분명하게 보여줍니다. 즉 $\frac{49}{6}$에는 분자의 곱과 분모의 곱을 각각 계산하면 두 분수의 곱을 얻을 수 있음이 확연히 드러납니다. 복사기의 비유에서도 확인한 사실이지요. 제가 복사기의 비유를 좋아하는 이유도 바로 이 때문입니다.

$2\frac{1}{3}$의 $3\frac{1}{2}$배와 $3\frac{1}{3}$의 $2\frac{1}{2}$배 중 어느 수가 더 큰가?

분수의 나눗셈을 해보자

분수의 나눗셈은 일상생활에서 그리 자주 쓰이지 않지만 다음의 경우를 상상해볼 수는 있습니다. "메이플 시럽 200리터를 $1\frac{1}{3}$리터들이 병에 나누어 담아야 한다. 총 몇 병이 나올까?"

결국 $1\frac{1}{3}$에 몇을 곱하면 200이 되는지를 알아야 합니다. 다시 말해서 200을 $1\frac{1}{3}$로 나눠야 합니다. 상상하기는 힘들지만 젤리 200개를 $1\frac{1}{3}$명이 나누어 먹는 경우와 같습니다. 곱셈은 대칭적이므로 어떤 관점을 취해도 상관없습니다.

분석을 이어가기 전에 여러분, 곱셈과 나눗셈이 어떤 면에서는 사실상 똑같다는 사실 알아채셨나요? 예를 들어, '나누기 2'는 '곱하기 2분의

1'과 같습니다. 따라서 숫자 복사기에는 사실 축소 버튼이 필요 없습니다. 그냥 이분의 일 배나 삼분의 일 배를 부풀리면 됩니다. 결국 확대와 축소의 차이는 1보다 큰 수를 곱하느냐 1보다 작은 수를 곱하느냐의 차이에 불과합니다. 인간은 그 차이를 중요하게 여길 수도 있지만 숫자는 그렇지 않습니다. 2를 곱하든 2분의 1을 곱하든 숫자에게는 똑같은 곱셈일 뿐입니다.

그렇다고 두 배와 이등분이 똑같다거나 2와 $\frac{1}{2}$이 같은 수라는 말은 아닙니다. 다만 그 둘 사이에는 밀접한 관련이 있습니다. 즉, '나누기 2'는 '곱하기 $\frac{1}{2}$'과 같고, 반대로 '나누기 $\frac{1}{2}$' 역시 '곱하기 2'와 같습니다. 이를 가리켜 '역의 관계'라고 합니다. 2와 $\frac{1}{2}$은 서로 역의 관계입니다.

이런 성질 때문에 똑같이 곱셈을 하면 둘은 반대의 결과를 낳습니다. 즉, 두 배한 것을 다시 되돌리려면 $\frac{1}{2}$배를 하면 됩니다. 다시 말해서 2와 $\frac{1}{2}$은 서로를 무효화합니다. $2\times\frac{1}{2}=1$이며 1배 부풀리는 건 아무 효과가 없기 때문입니다. 따라서 역의 관계인 두 수의 곱은 1이며, 곱했을 때 1이 되는 수는 역수라고 합니다. 결국 $\frac{1}{2}$은 2의 역수이고 2는 $\frac{1}{2}$의 역수입니다.

$\frac{2}{3}$의 역수는 무엇인가?

나눗셈에서 우리는 '몇을 곱해야 총합이 나오는지'를 암묵적으로 묻습니다. 100÷7은 사실 7에 몇을 곱해야 100이 나오는지를 묻는 문제입니다. 말하자면 100에 7을 '역곱셈'해야 합니다

이처럼 나눗셈은 곱셈의 반대 작용입니다. '곱하기 7'을 다시 돌이키려면 '나누기 7'을 합니다. 혹은 $\frac{1}{7}$을 곱합니다. 곱셈을 나눗셈으로 무효화하는 대신 곱셈을 또 다른 곱셈으로 무효화할 수 있는 겁니다! 다시 말해서 7을 '역곱셈'하는 대신 '7의 역'을 곱함으로써 무효화의 책임을 행위로부터 숫자로 전가할 수 있습니다. 신발을 신었다가 벗을 필요 없이(여기에는 신고 벗는 두 가지 행위가 필요하지요) 오로지 신기만 하면 됩니다. 아침에 신발을 신었다가 저녁에 집에 와서는 '반反신발'을 신는 겁니다. 일반적인 신발을 무효화하고 궤멸시키는 역의 신발이죠. 신발 벗는 책임을 신발에게 떠넘기는 셈입니다.

역의 관계는 대칭적이다

그렇다면 어떤 수를 $\frac{1}{2}$로 나눈다는 건 어떤 의미일까요? 일단 반으로 나눈다는 의미는 아닙니다. 그건 2로 나누는 것이니까요. 예를 들어, 5를 $\frac{1}{2}$로 나눈다는 건 $\frac{1}{2}$이 몇 개 있어야 5가 되는지, 혹은 5를 얻기 위해서는 얼마를 반으로 나눠야 하는지를 묻는 겁니다. 그러면 쉽게 십이 나옵니다. 그래서 5 나누기 $\frac{1}{2}$이 10이라고요? 어떤 수를 나누었는데 원래의 수보다 더 커진다니, 그게 말이 되나요?

우리는 1보다 큰 수로 나누는 데만 익숙하기 때문에 나누기 자체를 크기가 줄어드는 과정으로 오해하곤 합니다. 하지만 1보다 작은 수로 나눌 경우 총합을 얻기 위해서는 원래의 숫자보다 더 큰 배수가 필요합니다. 즉, 절반이 열 개 있어야 다섯을 얻을 수 있습니다.

곱셈과 나눗셈의 역의 관계가 얼마나 아름답고 대칭적인지 아시겠지요? '나누기 2'가 '곱하기 $\frac{1}{2}$'과 같듯이 '나누기 $\frac{1}{2}$'은 '곱하기 2'와 정확히 일치합니다.

이 성질을 더 깊이 이해해봅시다. 지금 우리는 나눗셈을 '역곱셈'으로 보고 있습니다. 숫자 복사기에 입구와 출구가 있다고 상상해보세요. 입구에 어떤 숫자를 밀어 넣었을 때 출구로 일곱 배 확대된 숫자가 나오는 작용이 곱셈이라면, 나눗셈은 출구에 다시 숫자를 밀어 넣고 복사기를 반대로 돌리는 작용입니다. (진짜 복사기에는 이런 짓을 하면 안돼요!) 그리고 이건 복사기의 조정 계수를 7이 아닌 $\frac{1}{7}$로 설정하고 정방향으로 돌리는 것과도 같습니다. 반대 작용을 반대 숫자로 바꾼 겁니다.

이번에는 복사기에 $\frac{2}{3}$가 곱해지도록 설정했습니다. 그러면 먼저 2배를 확대하고 3배를 축소할 겁니다. 이에 대한 반대 작용이 3배 확대하고 2배 축소하는 것임은 분명합니다. 즉 곱하기 $\frac{2}{3}$를 무효화하려면 그냥 $\frac{3}{2}$을 곱하면 됩니다. 이처럼 분수의 역연산은 분모와 분자의 자리를 바꾸는 것입니다. 예상을 뛰어넘으면서도 너무나 타당한 아름다운 결말 아닌가요?

그런데 이 패턴에는 한 가지 예외가 있습니다. 바로 숫자 영입니다. 물론 실제로는 어떤 수를 무無의 상태로 나눌 이유가 전혀 없습니다. 애초에 그게 말이 되는 소리인지도 모르겠고요. 하지만 나눗셈을 곱셈의 역(복사기를 반대방향으로 돌리는 것)으로 재정의하고자 한다면, 숫자 영의 곱셈과 나눗셈에 대해서만큼은 이 정의가 완전히 박살나버린다는 점도 알고 있어야 합니다. 곱하기 0은 모든 정보를 파괴하기 때문입니다.

모든 수를 파괴하는 곱하기 0

어떤 숫자든 영을 곱하면 영이 되어버립니다. 즉, 복사기에 계수를 영으로 설정하고 작동시키면 어떤 숫자든 영이 되어서 나옵니다. 그러므로 반대로 돌린다는 것 자체가 불가능해집니다. 그 자체로 너무나 파괴적이어서 아예 되돌릴 수 없는 행위도 있는 법이지요. 어떤 수든 0을 곱하면 0이 되어버리기 때문에, 거기에 어떤 수를 곱하더라도 다시 1이 될 수는 없습니다. 따라서 영은 역의 성질을 갖지 못합니다. 이 사소한 단서 조항만 제외하면 복사기는 완벽합니다.

그러므로 분수의 나눗셈은 역수의 곱과 같으며, 계산을 할 때는 분수를 위아래로 뒤집어버리기만 하면 됩니다. (모든 자연수에 분모 1이 생략되었다고 본다면 이 성질은 모든 수에 적용됩니다.) 편리하면서도 매력적인 특징이군요.

그런데 이런 분수의 패턴은 위험하기도 합니다. 단순하고 명쾌한 패턴을 따르는 다른 모든 수학 법칙들에 똑같이 적용되는 위험성이에요. 사람들은 시각과 촉각을 통한 상징의 조작을 행위가 아닌 정의라고 생각해버리기 쉽습니다. 하지만 5×3은 3×5를 '의미하지' 않습니다. 운 좋게도 두 수가 똑같다는 아름다운 성질이 있긴 하지만 같은 수를 여러 번 반복한다는 곱셈의 본질적 정의에는 맞지 않습니다. 곱셈의 대칭성은 설명이라기보다 발견입니다. 돌멩이로 행과 열을 만들어서 했던 것이 설명이지요.

마찬가지로 나눗셈의 정의는 '뒤집어서 곱하기'가 아닙니다. 정규교

육의 수많은 피해자들은 여전히 그런 믿음을 가지고 있어요. 이런 것은 '정의'가 아니라, 우리가 보고 생각하고 연역하고 해석하여 찾아낸 결과물입니다. 숫자는 종이 위에 그려진 기호가 아니며 연산은 이런 기호들이 움직이고 변형되는 패턴이 아닙니다. 물론 쉽게 조작할 수 있는 기호로 모든 것을 기록할 수 있다는 사실은 아주 멋집니다. 그 자체를 트집 잡으려는 건 아니에요. 다만 숫자와 기호의 진정한 정의에 대해 다시 생각해볼 필요는 있습니다.

메이플 시럽 문제로 되돌아와 봅시다. 200리터를 $1\frac{1}{3}$리터들이 병에 나누어야 했었죠. 병의 수를 구하려면 200을 $\frac{4}{3}$로 나누어야 합니다. 즉, 병의 개수는 $200\times\frac{3}{4}$ 또는 $\frac{600}{4}$라고 표현할 수 있습니다. 물론 우리가 알고 싶은 건 병의 수가 아니라 꽉 채운 한 병의 수입니다.

나누기 4는 반으로 두 번 나누면 쉽게 도출됩니다. 따라서 답은 150입니다. 완벽하네요! 남는 것 없이 정확히 150병에 나누어 담았습니다.

메이플 시럽이 201리터 있었다면 어떻게 되었을까?

분수의 계산, 전혀 어렵지 않다!

사실 분수는 일상생활에서 전혀 필요하지 않습니다. 미국처럼 구식 단위를 쓰는 나라에 살더라도 계산기가 다 알아서 해주니 십진법에 맞는 형태로 입력할 줄만 알면 됩니다. 그리고 적당한 자리에서 반올림하여 필요한 용도대로 쓰기만 하면 되지요.

하지만 삶에는 필요한 일을 해내는 것 이상의 무언가가 존재합니다. 배움과 이해, 즐거움, 사랑, 재미 같은 것들이지요. 혹시 우리 머릿속에만 존재하는 추상적 개념에 마음을 빼앗기셨나요? 여기 수학이 있습니다. 숫자는 아름답고도 재미있는 속성들을 간직한 채 우리를 기다리고 있습니다. 그리고 그중에서도 분수는 단연 우아하고 흥미롭습니다.

무엇보다도 수치 정보를 있는 그대로 표현하는 데 유리합니다. (오히려 이런 성질 때문에 분수는 실용적이거나 과학적인 목적에는 맞지 않습니다.) 한 단위를 반복적으로 쪼개고 복제하여 얻을 수 있는 어떤 수라도 분모와 분자로 이루어진 순수한 분수의 형태로 표현할 수 있으며, 쉽게 더하고 빼고 곱하고 나누고 비교할 수 있습니다.

그중에서도 가장 단순한 건 분수의 곱셈입니다. 분자는 분자끼리 분모는 분모끼리 곱하면 되기 때문입니다. 나눗셈도 마찬가지인데, 다만 곱셈의 역이라고 생각하면 됩니다.

더하기, 빼기, 비교의 경우 분모를 통일하여 묶음의 크기를 맞춰야 합니다. 그 뒤로는 분자 간의 단순한 덧셈, 뺄셈, 비교를 하면 됩니다. 예를 들어 $\frac{3}{4}$과 $\frac{2}{3}$는 $\frac{9}{12}$와 $\frac{8}{12}$로 바꾸고 나면 그 뒤는 쉽습니다. 분모 12는 잠시 묻어두고 자연수 8과 9를 가지고 계산하듯 똑같이 하면 되니까요. 결국 분수의 계산은 단위에 대한 이해만 갖춰지면 일반적인 수의 계산과 다를 바가 전혀 없습니다.

$\frac{3}{5} \times (\frac{2}{7} + \frac{1}{3})$과 $\frac{13}{11} \times (\frac{3}{5} - \frac{2}{7})$ 중 어느 수가 더 큰가?

14장

음수: 영보다 작은 수를 발명하다

수학자가 보는 세상

순수한 분수는 언뜻 보면 실용적이지도 않고 쓸모없어 보일지 모르지만, 단순하고 편리하며 명쾌하고 아름답습니다. 오차 가능성을 가진 실제 측정값과 달리 현실을 완전한 형태의 숫자로 표현해주기 때문이죠. 분수를 이용하면 복잡한 현실은 쉽고 단순한 모형이 됩니다. 예를 들어, 현실 속 책상은 지저분하게 엉겨 붙은 온갖 유기화합물의 집합체입니다. 나무섬유, 물, 기름은 말할 것도 없고 진드기와 세균이 온 사방을 기어 다니고 있지요. 하지만 이렇게 거칠고 울퉁불퉁하며 불안정한 현실 속 책상은 머릿속에서 완벽한 사각형으로 대체될 수 있습니다. 그러면 일순간 모든 복잡성이 사라지면서 조용하고 평화로운 단순성과 정확성의 세계가 나타나지요.

물론 단순화에 대한 가치 판단은 목적과 상황에 따라 달라집니다. 책상을 리폼하기 위한 수학 모형이라면 모서리가 둥글다는 사실을 누락해서는 안 됩니다. 아무리 단순화가 좋아도 중요한 정보까지 삭제해버리면 곤란할 테니까요.

수치를 측정할 때도 마찬가지입니다. 줄자로 쟀을 때 대략 $32\frac{1}{2}\times18\frac{3}{16}$ 인치 크기인 책상을 32×18인치라고 표현하는 건 경우에 따라 문제가 될 수 있습니다. 생략된 이분의 일 인치가 꼭 필요한 정보였을 수도 있기 때문입니다. 반면 정밀한 측정치라고 해서 무조건 좋은 것만은 아닙니다. 어느 수준 이상의 정밀도는 필요하지 않거나, 혹은 우리의 인지능력을 아예 넘어서기도 합니다. 예를 들어, 책상 리폼 모형을 설계할 때 팔분의 일 인치 미만은 현실적으로 아무 의미가 없다고 해봅시다. 이제 $18\frac{3}{16}$을 $18\frac{1}{4}$로 반올림하면 책상을 표상하는 수학 모형은 크기가 $32\frac{1}{2}\times18\frac{1}{4}$인치인 사각형으로 한결 단순해집니다. 여기서 4분의 1인치를 한 단위로 삼으면 모형은 심지어 더욱 단순해질 수도 있습니다. 주어진 수치를 각각 $\frac{130}{4}$, $\frac{73}{4}$로 변형한 뒤 머릿속에는 130×73 단위로 이루어진 완벽히 추상적인 사각형만을 남기는 것입니다. 결론적으로 우리에게는 복잡하고 지저분한 나무 덩어리 대신 어디서든 간편하게 쓸 수 있는 추상적 구조물이 주어졌으므로 책상 리폼 프로젝트는 훨씬 순조롭게 진행될 것입니다.

실제로 과학자와 엔지니어들은 이런 일에 시간과 노력을 쏟습니다. 당면한 문제에 대한 단순한 수학적 모형을 설계한 뒤 수학적 존재의 정확하고 명쾌한 패턴을 이용하여 모형을 조작합니다. 그리고 그 결과를 다시 실제에 적용하여 필요한 근사치를 얻습니다. 이 과정에서 수학은 일종의 '모형 상점'으로서 현실에 대한 단순하면서도 편리한 모형을 제공해주는 역할을 합니다.

그런데 수학자들의 사고 방향은 그와 정반대입니다. 수학자들에게 있어 관심의 대상은 추상적 모형 그 자체이며, 현실은 모형을 구성하는 재료에 불과합니다. 상상 속 완벽한 사각형에 대해 탐구하고자 할 때 실제 책상이나 네모난 종이를 물리적 모형으로 이용하는 겁니다. 물론 거칠고 투박한 실제 사물에 의미 있는 수학적 진실이 담길 수 없음은 분명하지만(무엇보다도 정밀한 측정 자체가 불가능하지만), 모종의 아이디어를 제공하여 수학자를 진정한 관찰과 이해로 이끌어줄 수 있습니다. 그러므로 나를 포함한 모든 수학자들에게는 오히려 현실이 모형 상점입니다. 이는 플라톤의 세계관과 유사합니다. 현실이란, 참되고 이상적인 수학적 형상의 그림자에 불과합니다.

특히 숫자는 그 자체로 이중적인 존재입니다. 누군가 바구니에 레몬이 5개 있다거나 키가 5피트라고 말하면, 우리는 그 발언을 (최소한 암묵적으로라도) 실제 세계에 대한 투박한 진술로 받아들입니다. 레몬과 피트의 개념을 따져 묻는 사람은 별로 없어요. 깊이 생각해보지 않고도 우리는 레몬과 피트는 적당히 무시하고, 다섯이라는 숫자를 이용하여 그 정보를 단순화함으로써 그 상황을 수학적으로 모형화하는 것입니다.

숫자를 보는 방식이 다르다

하지만 다섯이란 과연 무엇일까요? 도대체 뭐가 다섯 개 있다는 것일까요? '하나'가 다섯 개 있다고 말할 수 있을 텐데, 그러면 다시 '하나'의 수학적 의미를 밝혀내야 합니다. 현실과는 독립된 하나라는 숫자는 어떤 존재일까요?

그리스와 중세시대 내내 이어진 지루한 논쟁들은 일단 제쳐둡시다. (내가 봤을 때 시시콜콜하고 사소한 논쟁이거든요.) 지금부터 나는 현대 수학자들이 숫자를 생각하는 방식에 대해 말해드릴 겁니다. 최소한 나는 숫자를 이렇게 바라보고 있습니다.

생각건대 현대 수학자들의 관점은 단 하나의 문구로 요약됩니다. 대수학자들의 공리를 빌려 표현하자면, "숫자란 숫자의 행위입니다." 숫자가 무엇이냐는 질문은 전혀 중요하지 않아요. 정말 중요한 것은 그 숫자가 어떻게 움직이고 행동하는가입니다. 다시 말해, 숫자의 행위야말로 숫자의 본질이자 암묵적 정의입니다. 사실, 물에 둥둥 떠서 꽥꽥거리는 것이 있다면 그게 바로 오리 아니겠습니까?

수학은 패턴의 학문입니다. 물론 그것은 추상적 의미의 패턴, 즉 수학세계의 패턴입니다. 삼각형, 숫자와 같은 수학적 구성물은 저마다 매력적이고도 흥미로운 여러 속성을 가지고 있어서, 도저히 우리는 그들의 존재를 부정할 수 없습니다. 그들은 수학 세계에서 태어난 일종의 '생물'이 되고, 우리가 발견하는 수학 패턴들은 그들의 행위가 관측된 것입니다.

그런 시각에서 보면 숫자는 수량이라기보다는 일종의 실체입니다. 녀석들은 산수라는 복잡하고도 기묘한 춤을 추며 서로 상호작용하고 있습니다.

따라서 수학자의 눈에 $\frac{2}{3}$라는 숫자는 초코바 하나라든가 우유 한 컵과 같은 특정한 대상의 일부가 아닌, '3을 곱하면 2가 되는 수'라는 추상적 존재입니다. 머릿속의 수학적 실체로서 이 수는 철저하게 그 행동에 의해 정의됩니다. 그러므로 무엇이든 3을 곱했을 때 2가 나오는 속성을 가졌다면 그것은 '삼분의 이스러움'이 구현된 존재라고 볼 수 있습니다.

이제 누군가는 이렇게 물을지도 모릅니다. "그러면 2와 3은 또 무엇이고, 그들은 어떤 행위를 하나요?" 현대적 관점에 따르면 2와 3은 덧셈의 결과에 불과합니다. 3은 2+1의 축약형이고, 2는 1+1의 축약형입니다.

그러면 1은 또 무엇이냐고요? 물론 어디선가는 끝을 맺어야 합니다. 모든 것을 계속 이런 식으로 다른 모든 것과의 관계를 통해 정의내릴 수는 없을 테니까요. 그렇죠? 아니, 할 수 있으려나요?

네, 사실은 가능합니다. 예를 들어, 영이라는 숫자를 '무의 상태를 타나내는 기호'라든가 '레몬이 하나도 없을 때 레몬의 수'라고 정의하는 것이 아니라, '다른 숫자에 더했을 때 아무런 변화도 일으키지 못하는 실체'라고 정의할 수 있습니다.

마찬가지로 숫자 1은 '다른 숫자에 곱했을 때 아무런 변화도 일으키지 못하는 실체'라고 정의됩니다. 이렇게 하여 우리는 영과 일이라는 특별한 두 생물의 정의를 일반적으로 받아들여지는 개념이 아니라 기능의 관점에서, 즉 다른 숫자들과의 관계 및 행동의 관점에서 내렸습니다. 아무것도 세지 않는 상태 혹은 아무것도 아닌 상태가 아니라, 아무것도 하지 않는다는 점에 주목한 겁니다.

수학자에게 숫자는 햄스터와 같다

그렇다면 덧셈이란 또 무엇일까요? 돌멩이 무더기 여럿을 합치는 행위일까요? 숫자를 세거나 측정하는 대상이 아닌 추상적 의미의 '행위'로 보는 관점에서라면, 덧셈과 곱셈 등 연산은 어떻게 이해해야 할까요? 세지 않고 더한다는 게 가능할까요?

다시 말하지만, 현대 수학은 실생활에서 쓰이는 구체적인 개념보다는 행동 패턴에 집중합니다. 그러므로 중요한 것은 '덧셈이란 무엇인가' 혹은 '그 의미는 무엇인가'가 아닌, '덧셈은 어떤 행동 패턴을 보이는가?'입니다. 다른 연산과 구분되는 덧셈의 특징적인 행동은 과연 무엇일까요?

이쯤에서 한 가지 비유를 들어보겠습니다. 여기 햄스터로 가득한 상자가 놓여 있고 우리는 햄스터들의 행동을 관찰하고 있습니다. 짝짓기를 하는 녀석, 사회적 행동을 하는 녀석들이 있는가 하면 햄스터 사회에서 특권을 누리는 녀석들도 관찰됩니다. 모든 햄스터가 공유하는 일반적 특징(예컨대 모두 뼈대가 있다)도 있지만 저마다의 고유한 특징도 있습니다. 현대 수학자에게 숫자는 마치 이 햄스터와 같은 존재입니다.

그런데 상상 속 햄스터들은 보통의 햄스터들과는 조금 다릅니다. 서로 결합하여 제3의 햄스터가 되기 때문입니다. 생식 활동과 비슷하다고 억지로 끼워 맞춰볼 수도 있겠지만 딱 들어맞지는 않습니다. 덧셈, 곱셈 등의 연산은 새로운 숫자를 '창조'해내는 것이 아니라 이미 있는 다른 숫자와 상호작용할 뿐이기 때문입니다. 그러므로 연산은 합치거나 결합시키는 활동으로 이해하기보다는, 추상적 의미의 '배정'이라고 보아야 합니다. 즉 햄스터 한 쌍에게 그 '합'을 뜻하는 제3의 햄스터를 지정해주는 것입니다. 그러면 모든 연산은 일련의 숫자를 제3의 숫자에 배정해주는 추상적 존재라는 의미에서 동등한 지위에 놓입니다. 이제 각 연산마다 어떤 패턴으로 배정을 하는지만 살펴보면 됩니다.

결국 수학자로서 우리는 이런 질문을 던지게 됩니다. "덧셈은 무엇을 하는가? 덧셈은 햄스터 한 쌍을 제3의 햄스터에게 순전히 자의적으로 배정하는 것과 어떻게 구분되는가?" 우선 덧셈은 대칭적입니다. 즉, 더해지는 두 숫자를 어떤 순서로 쓰든 상관없습니다. 모든 연산에 이런 성질이 있는 건 아닙니다. 예를 들어, 나눗셈은 비대칭적입니다. 3 나누기 5는 5 나누기 3과 전혀 다르지만 5 더하기 3은 3 더하기 5와 똑같습니다. 이건 3과 5라는 숫자 자체에서 기인하는 성질이 아니며 모든 숫자에 똑같이 적용됩니다.

이처럼 덧셈의 이런 속성은 보편적입니다. 특별한 몇몇 햄스터에게만 적용되는 것이 아니라 모든 햄스터에게 적용됩니다. 따라서 다음과 같은 포괄적인 식으로 표현할 수 있습니다.

$$\square + \triangle = \triangle + \square$$

네모와 세모는 어떤 숫자든지 될 수 있으므로 이 식을 통해 우리는 두 수의 합이 순서와 무관함을 알 수 있습니다. 연산의 이런 성질을 '가환성'이라고 합니다. 전통적 의미의 덧셈에 가환성이 있음은 분명합니다. 두 무더기를 하나로 합치는 행위는 대칭적이기 때문입니다.

덧셈에 또 다른 보편적 속성이 있을까요? 우리가 거의 무의식적으로 쓰지만 결코 사소하지 않은 또 하나의 특징이 있습니다. 더하는 숫자의 수가 최소 두 개부터 원하는 만큼 무한대로 늘어날 수 있다는 점입니다.

일단 두 수의 덧셈만이 가능하다고 해봅시다. 단 한 쌍의 숫자가 제3의 숫자에 배정됩니다. 햄스터들을 연산 한 번에 두 마리씩만 참여하도록 훈련시킨 셈입니다. 그런데 두 햄스터의 합에 세 번째 햄스터를 또 더하면 결과적으로 이 덧셈에는 햄스터 세 마리가 연루됩니다. 다시 말해서 2, 3, 7의 합을 구하려면 이 세 숫자를 (2+3)+7이라는 실체에 배정하면 됩니다. 그런데 다른 누군가는 같은 숫자들의 합을 2+(3+7)에 배정할 수도 있을 겁니다. 그리고 덧셈에서 이 두 연산의 결과는 항상 똑같습니다. 그러므로 다음과 같은 보편적 속성이 도출됩니다.

$$(\square + \triangle) + \text{☆} = \square + (\triangle + \text{☆})$$

덧셈과 곱셈만의 특권

연산의 이런 속성을 '결합성'이라고 합니다. 더하는 숫자들을 어떤 순서로 어떻게 묶든 결과가 똑같다는 의미입니다. 심지어 저 불쾌한 괄호들을 모조리 지워버리고 그냥 2+3+7이라고 써도 됩니다. 물론 이런 속성이 아무 연산에나 적용되지는 않습니다. 뺄셈이나 나눗셈만 해도 결합성이 없습니다.

이처럼 (한 쌍의 숫자를 다른 하나의 숫자에 배정한다는 의미의) 덧셈 연산은 유용한 두 가지 보편적 속성을 가졌다는 점에서 무작위적인 배정과 구분됩니다. 그리고 앞에서도 살펴보았듯이 곱셈 역시 두 속성을 모두 공유합니다. 그러므로 아무리 많은 숫자라도 순서에 관계없이 더하거나 곱할 수 있습니다. 이건 대부분의 다른 연산은 누리지 못하는 대단히 편리한 사치입니다.

중점 연산 ◇는 두 수의 정중앙에 있는 숫자를 찾아내는 연산이다.

예를 들어 $3◇5=4$, $9◇3=6$, $4◇1=\frac{5}{2}$

이 연산은 결합성이 있는가?

이처럼 덧셈과 곱셈은 대칭성이라는 측면에서 다른 연산들과 확연히 구분됩니다. 특히 뺄셈과 나눗셈은 상대적으로 볼품없고 초라해 보입니다. 순전히 미학적인 관점에서 덧셈이 아름다운 공주님이라면 뺄셈은 흉측한 두꺼비입니다.

심지어 오늘날에는 뺄셈과 나눗셈이 궁극적으로 불필요하고 쓸모도 없으므로 아예 없애버리자는 접근법이 널리 받아들여지고 있습니다. 수학의 현대적 관점이 낳은 이 놀랍고도 흥미로운 결론에 대해 한번 살펴볼까요?

앞서 우리는 뺄셈과 나눗셈이 덧셈과 곱셈 각각에 대한 반대 작용임을 살펴보았습니다. 즉 8-5는 사실상 "5에 얼마를 더해야 8이 되는가?"라는 질문과 같습니다. 심지어 8-5라는 기호를 '5를 더하면 8이 되는 수'의 또 다른 이름이라고 생각할 수도 있습니다.

물론 이 녀석에게는 다른 이름도 있습니다. (1+2, 12÷4 등 다른 많은 이름과 더불어) 바로 3입니다. 3에 '더하기 5'라는 작용을 하면 8이 나오므로, 8에 반대 작용을 하면 3을 얻습니다. 그 반대 작용이란 바로 '빼기 5', 다시 말해서 '반反더하기 5'입니다.

이처럼 반대 작용은 원래의 작용에 비해 대칭성과 깔끔함이 떨어집니다. 아름다운 가환성과 결합성을 갖춘 덧셈과 달리 '반덧셈'은 그 어느 것도 갖추지 못했지요. 곱셈과 나눗셈의 관계도 똑같습니다. 그러고 보면 참 재미있지요? 이미 엎질러진 물을 되돌리기란 쉽지 않다는 섭리가 여기서도 여실히 드러나니 말입니다. 계란을 깨뜨리기는 쉬워도 주워 담기는 어렵고, 추억 속 사진을 갈기갈기 찢어버리기는 쉬워도 다시 맞추기는 어려운 법이랍니다.

어쨌든 역연산을 할 줄 알면 재미도 있고 편리하긴 하지만 원래의 연산만큼 훌륭한 행동 패턴을 기대할 수는 없습니다.

심지어 뺄셈에는 더 흉측한 특성도 있습니다. 뺄셈은 대칭적이지 않을 뿐 아니라 아예 무의미해지기도 하거든요. 우리는 5 빼기 3과 3 빼기 5가 똑같은지 다른지 비교를 시작하기도 전에 훨씬 심각한 문제에 봉착

합니다. 3 빼기 5가 도대체 무슨 의미일까요?

돌멩이로 계산할 때 그런 연산은 애초에 말이 되지 않습니다. 돌멩이가 세 개밖에 없는데 어떻게 다섯 개를 뺄 수 있겠습니까? 세 개만 빼도 아무것도 남지 않을 텐데 두 개를 더 빼야 한다니! 무無로부터는 아무것도 뺄 수 없습니다.

수학 세계라면 가능하다

물론 돌멩이의 세계에서라면 그렇습니다. 하지만 수학의 좋은 점이 뭡니까? 물리적으로 전혀 가능하지 않더라도 원한다면 무엇이든 할 수 있다는 것 아니겠습니까? 논리적으로 일관된 구조를 만들어낼 수만 있다면 그건 곧 수학 세계의 일부가 되며, 다른 모든 수학적 실체와 마찬가지로 진실성을 갖게 됩니다.

문제는 바로 대칭성의 결여였지요. 덧셈에서는 어떤 숫자가 주어지든, 거기에 어떤 숫자를 더하든, 그 합은 완벽하게 타당한 실체가 됩니다. 즉, 숫자의 세계에 이미 존재하는 실체가 도출되지요. (햄스터가 좋으면 햄스터로 생각해도 됩니다.) 하지만 뺄셈에서는 불편한 제약이 존재합니다. 빼는 수가 빼어지는 수를 초과해서는 안 됩니다. 예를 들어 3과 5의 합은 이미 존재하는 숫자인데 반해, 5에 더했을 때 3을 만드는 수는 (지금으로서는) 존재하지 않습니다. 이런 현상을 목격하면 수학자들은 불쾌함에 코를 찡그리곤 합니다. (최소한 내 코는 그렇더군요.)

상식적이고 현실적인 인간이라면 고개를 한 번 갸웃거리고는 '원래 그런 거'라고 말할 겁니다. 비대칭성은 뺄셈의 본성에 이미 뿌리박혀 있다고 말입니다. 무엇이든 더하면 원래 상태보다 커지게 마련이고, 마찬가지로 가진 것보다 더 많이 덜어낼 수는 없음이 세상의 이치입니다. 수학에 빠진 공상가 여러분, 현실을 직시하세요! 원하는 걸 전부 가질 수는 없습니다.

글쎄요. 과연 그럴까요? 수학의 세계에서라면 나는 원하는 것을 무엇이든 가질 수 있습니다. 더했을 때 오히려 작아지게 만드는 숫자가 세상에 존재하지 않는다는 것이 문제였으니, 이참에 새로 만들어내면 어떨까요? 분수 역시 나머지를 조각조각 나누어보자는 아이디어로부터 만들어졌을 뿐, 처음부터 존재했던 건 아니었습니다. 그러니 이런 역할을 맡을 새로운 숫자를 만들어낼 수도 있지 않을까요? 못할 이유가 무엇인가요?

사실 수학자들이 하는 일이 바로 이겁니다. 순전히 상상 속에만 존재하는 추상적 구조의 패턴과 특징을 탐구하다가, 어느 순간 구조적 맹점이 발견되면 이 구조를 더욱 풍부하고 빈틈없이 만들어 아름다움을 극대화하고 싶어 합니다. 수학적 구조의 불완전성을 해결하여 패턴화된 정보를 최대한 명쾌하게 표현하고자 하는 것입니다. 이를 '확장의 문제'라고 합니다. 이때 새로운 실체를 도입하여 현재의 구조(우리의 경우 숫자와 연산의 세계)를 개선하면서도 대칭성을 비롯한 훌륭한 특징은 훼손하지 않아야 합니다.

한마디로 우리는 뺄셈의 불쾌한 행동을 바로잡을 수 있는 새로운 숫자를 창조할 수 있습니다. 어떤 수에서 어떤 수든 뺄 수 있게 도와주는, 무엇보다 무의 상태로부터도 뺄 수 있게 해주는 숫자였으면 합니다. 말하자면 우리에게는 2에 더했을 때 0을 만드는 숫자가 필요합니다.

양떼의 비유를 통해 자세히 살펴봅시다. 지금 풀밭에는 일반적인 양들과 더불어 '반反양'들이 풀을 뜯고 있습니다. 생김새도 울음소리도 모두 똑같지만, 양 한 마리와 반양 한 마리가 만나면 즉시 서로를 파괴하여 아무것도 남지 않는다는 무시무시한 속성이 있습니다. 당연히 세상에 이런 양은 존재하지 않지만, 그냥 그렇다고 가정하는 겁니다. (사실 물리적 우주에 대한 현대적 관점에 따르면 그런 존재가 정말로 있거나 혹은 만들어질 수 있다고 보기도 합니다. 만드는 데 천문학적인 비용이 들 뿐이지요.) 어쨌든 반양은 양과 만났을 때 무의 상태를 만들어냅니다.

음수의 발명

이 아이디어는 앞서 신발과 반신발의 사례에서도 논한 바 있습니다. 우리는 신발 벗는 행위를 반신발을 신는 행위로 대체함으로써 연산에게 주어진 책임을 실체에게 넘겨주었습니다. 양의 경우에도 양을 빼는 대신 반양을 더할 수 있습니다. 예를 들어, 양 다섯 마리 중 세 마리를 없애고 싶으면 세 마리의 반양을 더 갖다 놓고, 뒷일은 자연의 처분에 맡기면 됩니다.

좀 더 추상적으로(그리고 조금 덜 폭력적으로) 표현하기 위해 '반反2'와 같은 실체를 만들어봅시다. 반2는 '2에 더하면 0이 되는 수'를 말합니다.

사실 양과 반양이라는 비유가 꼭 필요하지는 않습니다. 반2는 다른 어떤 대상의 숫자일 필요도 없고, 그 자체로 독립적인 행위자이기 때문입니다.

지금까지 음수, 즉 영보다 작은 수가 어떤 과정을 거쳐 발명(혹은 발견)되었는지 살펴보았습니다. 음수라는 개념은 이제 상당히 널리 쓰입니다. 추운 지방에서는 기온이 (완전히 임의적 기준인) 0도 이하로 떨어지는 일이 많은데, 영하 20도가 0도가 되려면 20도만큼 더 따뜻해져야 한다는 사실을 모르는 사람은 없을 겁니다.

하지만 과거에는 음수가 회계상 속임수가 아니냐는 의심을 끊임없이 받았습니다. 사실 르네상스 시대 상인들은 결코 음수를 사용하지 않았어요. 수입과 지출은 보통 다른 색깔의 잉크를 이용하여 따로 적었습니다. 주로 이익은 검은색, 손실은 붉은색 잉크를 썼지요. 마지막에는 검은 숫자와 붉은 숫자를 따로 더한 다음 비교했습니다.

그런데 어느 시점부터 상인들은 회계상의 모든 덧셈, 뺄셈이 계산 순서와는 무관하게 항상 똑같은 합계를 도출한다는 사실을 깨닫게 되었습니다. 이는 잔고가 충분해야만 돈을 쓸 수 있는 건 아니라는 뜻이기도 합니다. 총계가 영 이하로 떨어진다는 건 빚이 생겼다는 의미에 불과하기 때문입니다. 따라서 음수를 상업적 관점에서 해석하면 부채負債와 같습니다.

이런 식으로 추상적 개념에 실제적이고 구체적인 실체를 부여하는 사고방식을 '실체화'라고 합니다. 구체적인 이미지나 실제 세계에 대한 비유를 이용하면 순수하게 추상적인 수학적 구조(예컨대 음수)를 좀 더 편안하고 직관적으로 이해할 수 있습니다. 인간의 지성과 상상력이 아무리 뛰어나다고 한들 우리는 여전히 손과 눈과 경험을 가진 영장류이므로, 난해한 대상을 다룰 때는 언제든 실체화의 도움을 받을 수 있습니다.

다시 말해서 음수라는 새로운 생물을 수학적 존재로 성립시키는 데 비유와 상상이 반드시 필요한 건 아니지만, 온도계나 양을 한 번씩 떠올려본다고 해도 손해날 일은 없다는 겁니다.

논의를 계속해보지요. 앞서 우리는 2, 5 등 모든 양의 숫자에 대한 음수의 짝을 만들어냈습니다. 양수와 음수를 각각 검은 숫자와 붉은 숫자라고 칭하고 색깔을 이용하여 표기하는 것도 재미있겠지만, 더 단순하면서도 명확한 표기법이 있습니다. 바로 음의 부호 -입니다. 뺄셈 부호와 똑같이 생겨서 혼란을 유발하기도 하지요. 물론 음의 부호를 이렇게 만든 데에는 그럴 만한 이유가 있었고, 익숙해지기만 하면 꽤나 간편하긴 합니다. 심지어 그 둘에는 밀접한 연관성이 있어요. 그럼에도 (어쩌면 그렇기 때문에 더욱) 서로 다른 대상에 똑같은 기호가 붙는다는 사실이 다소 불편하기는 합니다.

어쨌든 이제 우리에게는 -2나 $-\frac{5}{3}$처럼 자신의 짝을 파괴하는 것밖에 못하는 숫자들이 주어졌습니다. 즉, -2의 유일한 기능은 2가 더해졌을 때 0을 만드는 것뿐입니다.

$$2+(-2)=0$$

덧셈 부호와 음수 부호를 분리하기 위해 -2에 괄호를 칠 수밖에 없었습니다. 역시 조잡하군요. 많은 수학 기호들이 비슷한 문제를 일으키곤 하는데, 과거 인쇄업자들의 편의에 맞게 대강 만들어지는 경우가 많았기 때문입니다. 비용 효율성 측면에서 새로운 활자를 만드는 것보다는 이미 있던 활자를 활용하는 편이 훨씬 쉬웠던 것이죠.

뺄셈 부호와 음수 부호의 차이

어쨌든 2와 -2의 관계는 양과 반양의 관계와 같습니다. 말하자면 서로를 상쇄해버립니다. 그런데 둘은 서로 대칭적이기도 합니다. -2가 2를 파괴하듯이 2 역시 -2를 파괴합니다. 말하자면 2는 '반반2'인 셈입니다. 그런 점에서 음의 부호는 단순히 양수와 음수를 구분해주는 이름표가 아니라, 어떤 숫자에든 붙이면 부호를 바꿔버리는 '부정 연산자'라고 보아야 합니다. 따라서 -2는 2의 부정이며 -(-2)는 2의 부정의 부정, 즉 2입니다.

-0이라는 무엇인가?

두 수를 연결해주는 뺄셈 부호와 하나의 수에 작용하는 음수 부호는 서로 의미가 다르면서도 실질적으로 같은 기호를 쓰기 때문에 혼란을 야기합니다. 그런데 두 부호 사이에는 긴밀한 연관성이 있습니다. 우선 -2를 '0-2'의 축약형이라고 볼 수도 있습니다. 사실 음의 부호를 만들어낸 목적 자체가 무의 상태에서 어떤 수를 뺀 결과를 표현하기 위함이었지요. 더 일반적으로 말하면 어떤 수에서 2를 빼는 것은 음의 2를 더하는 것과 같습니다. 평범한 양 두 마리를 빼버리든 반양 두 마리를 집어넣든 결과는 같기 때문입니다.

이로써 우리는 뺄셈을 영원히 없애버릴 수 있게 되었습니다. 뺄셈의 일이라고는 음수를 더하는 것에 불과하고, 모든 숫자는 음의 짝을 가지므로 이제는 뺄셈 대신 음수의 덧셈을 활용하면 됩니다. 마치 반신발이 있으면 더 이상 신발을 벗을 필요가 없어지는 것과 같아요.

그거 좋은 소식이군요. 연산이라는 비경제적인 녀석 대신에 편리하고 아름다운 상상 속의 햄스터를 입양했으니 말입니다. 이제부터는 훨씬 대칭적이고 유용한 덧셈이 뺄셈을 대체할 수 있습니다.

또한 우리는 뺄셈의 비대칭성을 새로운 관점으로 이해할 수 있게 되었습니다. 뺄셈은 '더해지는 숫자 중 단 하나만이 부정되는 연산'이라는 점에서 명백히 비대칭적입니다. 예컨대 3+(-2)에서는 2만 부정되고 3은 부정되지 않습니다.

현대의 추상적 사고방식에서는 '부정'이 의미하는 바를 설명하기 위해 무효화의 개념을 끌어들일 필요가 없습니다. 모든 숫자에는 더하면 영이 되는 음수의 짝이 있다는 패턴이 존재할 뿐입니다. (앞서 영은 아무것도 하지 않는 존재임을 살펴보았지요.)

이런 관점을 취하면 기분 좋게도 우리는 숫자라는 실체들을 어떤 형태의 수량으로도 규정할 필요가 없습니다. 다시 말해서, 그 자체로서 숫자일 필요가 없습니다. 우리에게 이 실체의 정의는 전혀 중요하지 않고

오로지 어떻게 행동하는지가 중요할 뿐입니다. 우리가 생각하는 패턴대로 행동하기만 하면, 그것으로 충분합니다. 만약 '영'처럼 꽥꽥거린다면, 그게 바로 '영'인 것입니다.

그러므로 수학의 세계에서는 음수라는 이 새로운 수가 양수와 전혀 다를 바 없는 실존성을 누리게 됩니다. 어차피 모든 것이 허구의 게임이기 때문에 아무것도 문제되지 않습니다. 이따금씩 불확실한 느낌이 들 수도 있지만, 그럴 때는 반양이라든가 부채, 온도계 등을 떠올려보면 충분합니다.

이제는 우리의 새로운 햄스터들이 서로 얼마나 잘 어울리느냐가 관건입니다. 일단 덧셈은, 특히 양의 비유를 통해 생각해보면 전혀 어려울 것이 없습니다. 5+(-2)=3이며, (-1)+(-1)=(-2)입니다. 여기서 뺄셈을 한 번 더 뒤집어서 생각할 수도 있습니다. 뺄셈은 음의 덧셈이므로 '빼기 -2'는 '더하기 2'와 같습니다. 다시 말해서 반양 두 마리를 없애는 것은 양 두 마리를 더하는 것과 같습니다.

한번 증명해볼까요? 먼저 양떼들 사이에 양 두 마리와 반양 두 마리를 추가해보세요. 그 둘의 합은 0이므로 전체 양의 수에는 아무런 변화가 없습니다. 그런데 이제 여기서 반양 두 마리를 빼버리면 어떻게 될까요? 전체 양의 숫자가 총 두 마리 늘어나게 됩니다.

위의 문제를 부채 개념을 이용하여 증명해보라.

덧셈을 했는데 숫자가 더 작아지고, 뺄셈을 했는데 숫자가 더 커지는 상황이 처음에는 어색하게 느껴질 수 있습니다. 하지만 이 새로운 수 체계는 대칭적이고 아름다우며 연산에 훨씬 적합합니다. 아무 걱정도 제한도 없이 덧셈과 뺄셈을 할 수 있으며 모든 숫자에는 반대되는 숫자가 있고 어떤 패턴(덧셈의 대칭성 등)도 훼손되지 않았습니다. 게다가 원한다면 뺄셈은 쓰레기통에 처넣어버리고 덧셈에만 집중하는 사치를 누릴 수도 있습니다.

음수의 곱셈을 이해하려면

하지만 곱셈과 나눗셈은 어떨까요? 음수는 양수 짝과 결합했을 때 영을 만드는 행동만을 염두에 두고 만들어졌습니다. 곱셈과는 전혀 관련이 없었지요. (-2)×(-3)란 무엇을 의미하는 걸까요? 무언가가 -2배 있다는 것이 도대체 무슨 뜻일까요? 음수의 곱셈은 도통 이해하기가 힘듭니다.

이쯤에서 실체화의 도움이 필요하겠군요. 부정의 기능이 추가된 새로운 복사기를 상상해본다면 음수의 곱이 어떤 의미인가에 관한 직관적인 이해를 얻을 수 있을 겁니다. 사실 이건 곱셈의 의미를 한 차원 넓히는 또 하나의 확장의 문제이기도 합니다. 물론 이 확장은 완전히 임의적으로 이루어질 수도 있습니다. 어차피 현재로서는 (-2)×(-3)에 아무런 의미도 없으니, 그냥 42나 $-5\frac{1}{2}$이라고 치고 넘어가면 어떨까요? 모든 음수의 곱에는 임의의 가치가 있다고 규정해버리는 겁니다.

물론 가능은 합니다. 하지만 그랬다가는 이 모든 아름다운 패턴과 대칭성을 망쳐버릴 위험을 감수해야 해요. 따라서 현대 수학자들은 패턴 스스로의 선택에 따르기로 했습니다. 저도 사실 (-2)×(-3)이 어떤 수가 되든 별로 상관은 안 하지만, 절대로 우리의 매력적인 패턴이 파괴되어서는 안 됩니다. (옛 성당의 스테인드글라스보다도 더 찬란한 이 패턴을 잃을 수는 없어요!)

무엇보다도 곱셈의 대칭성을 잃는다면 나의 마음은 찢어질 겁니다. 그러니 (-2)×(-3)라는 숫자가 무엇이 되든 상관은 없지만 (-3)×(-2)와는 일치해야 합니다.

따라서 '대칭성을 유지할 것', 그것이 우리의 첫 번째 요구사항입니다. 그러면 자연스럽게 몇 가지 결론이 도출됩니다. 먼저 2×(-1)를 구하기는 어렵지 않지요. 반양 한 마리의 두 배는 반양 두 마리이므로, 2×(-1)=-2입니다. 여기서 대칭성의 보전이라는 원칙을 따르면 (-1)×2는 어쩔 수 없이 -2가 됩니다.

여기서 첫 번째 의미 확장이 이루어집니다. 원래 곱셈은 같은 것을 여러 번 반복한다는 의미였습니다. 3×5는 5가 세 번 반복된다는 뜻이었지요. 이제는 조금 바뀌어야 합니다. (-1)×2는 2를 '한 번 부정 반복한다'(라는 말도 안 되는)는 뜻이 아니라 '곱셈의 대칭성을 훼손하지 않기 위해서 필요한 행위' 정도로 보아야 합니다.

물론 2의 자리에 5를 넣어도 결과는 같습니다. 반양 한 마리의 다섯 배는 반양 다섯 마리이므로 5×(-1)=-5입니다. 다시 말해서 우리는 반양을 세고 있을 뿐입니다. 심지어 더 보편적으로 말하면 복사기에 반양 한 마리를 넣고 축소하거나 확대하면 더 작거나 큰 반양이 나옵니다. 따라서 $\frac{2}{3}\times(-1)=-\frac{2}{3}$입니다. $\frac{2}{3}$배 조정된 반양은 정확히 $\frac{2}{3}$배 조정된 양을 무효화할 것입니다. 여기서 다시 곱셈의 대칭성을 적용하면, 앞의 식은 $(-1)\times5=-5$, $(-1)\times\frac{2}{3}=-\frac{2}{3}$로 바뀔 수 있습니다.

이제 아주 훌륭한 결론이 도출되었습니다. 어떤 수에 '곱하기 -1'을 하면 그저 기존 수의 부호가 바뀔 뿐입니다. 그러므로 이제 부정은 '곱하기 -1'이라고 재해석할 수도 있습니다.

'곱하기 -2' 역시 비슷한 방법으로 계산하면 됩니다. -2가 다섯 번 반복되면 -10이고(반양의 비유를 다시 떠올려보세요), 대칭성에 따라 $(-2)\times5$ 역시 -10임을 알 수 있습니다. 따라서 '곱하기 -2'는 부정과 두 배를 동시에 한 셈입니다. 실제로 -2는 $(-1)\times2$로 나누어 쓸 수도 있으므로 더욱 일관적인 결과입니다. 결국 -2를 곱하는 건 -1과 2를 동시에 곱하는 것과 같은 효과를 냅니다.

두 번 뒤집으면 결국 원위치

이제 부정 연산자가 어떻게 행동하는지를 알았으니 복사기의 비유를 확장하기란 어렵지 않습니다. 부정은 스스로를 뒤집는 행위이므로, 부정을 무효화하려면 마치 동전 뒤집기를 하듯이 한 번 더 뒤집으면 됩니다. 말하자면 부정은 0을 기준으로 숫자를 반대편으로 이동시키는 반사작용과 같습니다. 그러므로 축소와 확대뿐 아니라 뒤집기 기능이 추가된 복사기를 상상해봅시다. (아마 실제 복사기에도 이런 기능이 있을 걸요.)

이제 확장된 곱셈 연산이 아주 단순한 실체화를 통해 표현되었습니다. 양수를 곱하면 이전과 동일하게 계수에 따라 크기를 조절하지만, 음수를 곱하면 크기 조절과 동시에 숫자가 "뒤집어집니다."

두 음수의 곱이 양수가 된다는 사실도 도출할 수 있습니다. 예를 들어 (-2)×(-3)은 -3을 두 배함과 동시에 부정하여야 하므로 6이 됩니다. 복사기의 비유를 든다면 숫자 1을 넣고 -3배 확대(세 배하고 뒤집기)한 뒤에 다시 복사기에 넣어 -2배 확대(두 배하고 뒤집기)한 결과는 그냥 6배를 한 것과 똑같습니다. 또한 이 모든 과정(확대, 축소, 뒤집기)은 어떤 순서로 이루어지든 전혀 상관이 없으며, 두 번 뒤집는 것은 한 번도 뒤집지 않는 것과 동일하다는 사실도 알 수 있습니다.

같은 논리로 음수의 역수도 쉽게 구할 수 있습니다. 곱하기 -2를 무효화하려면 $-\frac{1}{2}$을 곱하면 됩니다. 또한 $-\frac{2}{3}$의 역수는 $-\frac{3}{2}$이어야 합니다. 음수 부호를 없애버리려면 또 하나의 음수 부호가 필요하기 때문입니다. (물론 영에는 역수가 없습니다. 그렇게 파괴적인 곱셈을 무효화할 방법은 어디에도 없답니다.)

원한다면 음수로 나누기를 그 역수의 곱으로 정의할 수 있습니다. 아니, 차라리 저 불필요하고 쓸모없는 나눗셈을 아예 없애버릴 수도 있습니다.

이제 우리에게는 덧셈, 반덧셈, 곱셈, 반곱셈을 자유롭게 할 수 있는 완벽하게 대칭적인 수 체계가 주어졌습니다. 양의 분수와 음의 분수로 이루어진(물론 5, 0, -3 등의 수를 포함하여) 이 수 체계를 유리수체라고 합니다. 유리수체는 (최소한 완벽한 수학의 관점에서는) 산수를 하기에 가장 적합한 배경이자 숫자의 세계를 탐구할 수 있는 가장 비옥한 토양이 되어줍니다.

유리수체에 영의 두 배라는 실체가 있다고 가정하려고 한다.

이 실체는 어떤 수에 더하든 아무런 변화를 주지 못한다는 속성을 가진다.

어떤 문제가 생기는가?

15장

셈의 기술: 계산보다 중요한 것

아름답게 세는 방법

이제 숫자 세기라는 가장 단순한 개념으로 돌아가볼까요? 지금껏 우리는 사물이 몇 개나 있는지를 알고자 하는 욕망으로부터 시작하여, 갖가지 기호로 이루어진 수치 정보를 조작하고 배열하는 다양한 산수의 기술에 대해 공부해보았습니다. 이번에는 산수의 예술에 대해 생각해보려고 합니다. 그냥 세는 것이 아니라, 아름답게 세는 방법 말입니다.

물론 뒤죽박죽 섞인 무작위 정보를 세어야 할 경우, 예를 들어 오늘 받은 영수증이 총 몇 개인지, 전화번호부에 번호가 전부 몇 개나 있는지를 알고 싶다면 그냥 소매를 걷어붙이고 열심히 세는 수밖에 없습니다. 거기서 예술성을 기대하기는 힘들지요.

하지만 세려는 대상이 질서정연하고 대칭적이며 패턴화된 정보라면 창의적인 셈의 기술에 대해 고민해볼 필요가 있습니다. 물론 정신력을 소모하는 일이긴 하지만, "힘들게 일하지 않으려면 힘들게 생각하라"는 것이 바로 수학자들의 인생철학이니까요.

이 과정에서 우리는 단조롭고 지루한 작업을 피할 수 있을 뿐만 아니라, 우아하고 강력한 아이디어를 발견했을 때의 황홀한 만족감도 느껴볼 수 있습니다. 아마 그 여운은 아주 오래도록 남을 것입니다.

자, 이제 숨 막히게 아름다운 아이디어들을 만날 준비가 되셨나요? 다음의 멋진 도안으로부터 이야기를 시작하겠습니다.

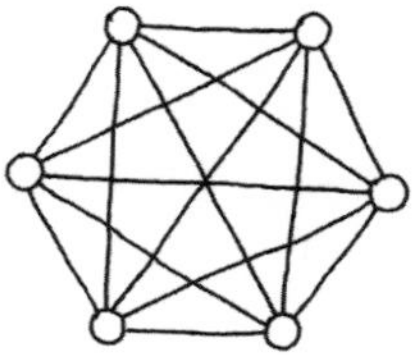

여섯 개의 점으로 이루어진 고리가 있습니다. 각각의 점은 다른 모든 점과 직선으로 연결되어 있습니다. 대단히 대칭적이고 정형화된 도안이지요. 그런데 여기에 있는 직선은 총 몇 개일까요?

물론 직접 세어봐도 됩니다. 조금만 주의를 기울이면 직선이 총 열다섯 개임을 알 수 있어요. 하지만 여기까지 와서 직선의 수나 세고 있다는 게 좀 한심하지 않을까요? "하나 빼먹었나?" "이거 벌써 셌던 건가?" "아닌 거 같은데. 아, 도저히 모르겠어!"

나는 사양하겠습니다. 그 스트레스를 감당할 수 없을 것 같아요. 심지어 이렇게 아름다운 도안이라면, 분명 더 좋은 방법이 있을 겁니다. 첫 번째 방법은 정형화된 방식으로 세어 빼먹거나 두 번 세는 일이 절대 없도록 하는 것입니다. 먼저 점 하나에서 뻗어 나온 직선을 모두 세는데, 이미 센 직선에는 표시를 남깁니다. 그리고 다음 점으로 넘어가 같은 작업을 이어갑니다.

나쁘지 않은 방법입니다. 첫 번째 점에서는 직선 다섯 개가 나오고, 다음 점에서는 네 개가 나오는 식으로 직선의 개수가 하나씩 줄어들거든요. 보기 좋은 패턴이지요. 이제 총 직선의 개수는 다음과 같이 도출됩니다.

$$5+4+3+2+1=15$$

마지막 점에서는 셀 수 있는 직선이 없군요. 그러니 사실 위의 수식 마지막에는 '더하기 영'이 생략된 셈입니다. 이 방법은 점이 몇 개든 똑같이 적용할 수 있습니다. 예를 들어, 점이 열한 개인 경우 총 직선의 수는 다음과 같습니다.

$$10+9+8+7+6+5+4+3+2+1=55$$

이 방법의 가장 큰 장점은 단지 직선의 수를 세는 것이 아니라 패턴을 센다는 점입니다. 또한 너무나 단순하고 분명하기 때문에 점이 몇 개이든 상관없이 살아남습니다. 예를 들어, 점이 세 개인 경우 직선의 개수를 2+1=3으로 예측할 수 있으며, 실제로도 그렇습니다. 삼각형에는 세 개의 직선이 있으니까요. 재미있게도 이 방법은 다음과 같이 점의 수가 계속해서 줄어들어도 여전히 유효합니다. 수의 패턴만 살아남는 것이 아니라, 아이디어 그 자체도 살아남은 것이죠. 멋지지 않나요?

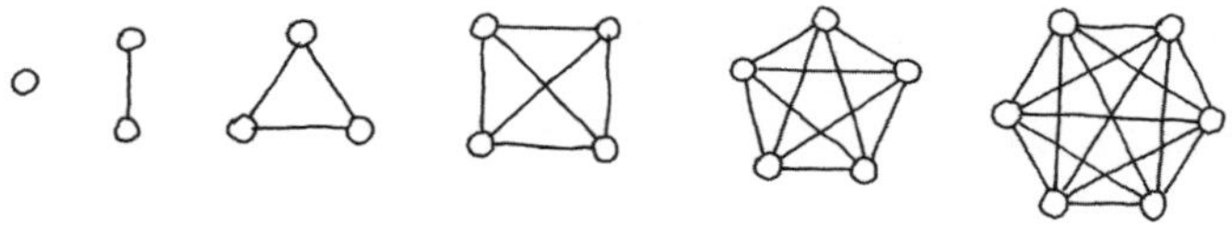

수학적으로 점을 세어보자

그런데 심지어 더 명쾌하고 흥미로운 방법도 있습니다. 나는 이 방법을 '의도적 중복'이라고 부릅니다. 이제 우리는 아주 단순하고 쉽지만 잘못된 방법으로, 그러나 아주 쉽게 정정할 수 있는 방법으로 직선의 수를 셀 겁니다.

우선 점 여섯 개를 독립적으로 보세요. 하나의 점에서 나오는 직선은 모두 다섯 개입니다. 여섯 개의 점 각각에서 직선이 다섯 개씩 나오므로 총 직선의 수는 6×5개입니다. 맞나요? 당연히 틀린 답입니다. 중복된 경우가 있으니까요. 사실 우리는 모든 직선을 양쪽 점에서 한 번씩, 총 두 번 셌습니다. 그러면 6×5는 구하려는 값의 정확히 두 배와 같겠지요. 결국 원하는 답을 구하려면 반으로 나누기만 하면 됩니다.

$$(6\times5)\div2=15$$

나는 의도적 중복 기법을 정말 좋아합니다. 왠지 즐거운 일탈처럼 느껴지거든요. 게다가 굉장히 빠릅니다. 숫자들을 길게 나열해서 전부 더하는 대신 아주 간단한 곱셈과 나눗셈만 하면 됩니다.

또한 이 방법은 점이 몇 개이든 똑같이 적용 가능합니다. 점이 열한 개라면 “점이 열한 개니까 한 점에서 나오는 직선의 수는 열 개, 따라서 총 직선은 110개인데 중복되었음을 감안하면 결국 실제 직선은 55개로군”과 같이 간단히 답이 도출됩니다. 앞서 구한 답과 똑같지만 방법은 훨씬 우아합니다.

그런데 이렇게 서로 다른 두 가지 방식으로 수를 세어본 결과 또 하나의 법칙이 도출되었습니다.

$$1=(1\times2)\div2$$

$$1+2=(2\times3)\div2$$

$$1+2+3=(3\times4)\div2$$

$$1+2+3+4=(4\times5)\div2$$

$$1+2+3+4+5=(5\times6)\div2$$

1부터 특정 숫자까지 하나씩 커지는 숫자들의 합은 그 숫자와 다음 숫자를 곱한 뒤 2로 나눈 값과 같습니다.

이 상황을 또 다른 방법으로 시각화할 수도 있습니다. 먼저 돌멩이를 이용하여 다음과 같은 삼각형을 만듭니다.

만들 수 있는 조합의 수입니다. 이 정보는 현실세계의 복잡성과는 무관히 독립적으로 존재합니다.

그런데 이 방대한 수를 어떻게 세어야 할까요? 빼먹거나 중복하는 일이 없도록 신중에 신중을 기하며 가능한 자동차 번호를 전부 나열해봐도 됩니다만, 그러느니 차라리 밤하늘의 별이나 머리카락 수를 세는 편이 나을지도 모릅니다. 이런 방식으로는 알파벳 세 개와 숫자 세 개의 대칭성이나 정형화된 구조를 전혀 이용할 수 없겠지요. 그러니 이제부터 번호판은 아예 머리에서 지워버리고 추상적인 기호 그 자체만을 기억하세요. 이 연속적인 기호를 어떻게 하면 단순하면서도 명쾌한 방법으로 셀 수 있을까요?

시작은 늘 단순해야 합니다. 우선 알파벳 하나와 숫자 하나로 이루어진 조합에 대해 생각해봅시다. 즉, 다음과 같은 조합의 수를 세는 겁니다.

A5, Q9, B7, F0, Z5, T4

여기서도 일일이 나열하는 방식은 쓰지 않습니다. 다만 가능한 조합의 목록을 머릿속에 그려보는 것이 핵심입니다. 실제로 어떤 조합을 만들어보거나 써보라는 것이 아니라, 그저 그 목록이 어떤 형태를 가질 것인지 상상해보라는 겁니다.

가상의 목록 기법

나는 이 방법을 '가상의 목록 기법'이라고 부릅니다. 주어진 목록을 체계적으로 구조화하여 숫자 세기에 적합한 정형화된 형태로 쪼개는 방법입니다. 그런 다음 산수의 기술을 이용하여 쪼개진 정보들을 한데 모으면 총계를 얻을 수 있습니다.

먼저 알파벳 하나, 숫자 하나짜리 번호판의 경우부터 생각해봅시다. 아주 체계적인 사람이라면 이 가상의 목록을 어떻게 정리할까요? 알파벳순으로 나열하는 것이 아마 가장 자연스러운 방법이겠지요. 그러면 전체 목록은 A부터 Z까지 스물여섯 개의 항목으로 쪼개집니다.

다음으로 모든 알파벳 하나당 쓸 수 있는 숫자는 0부터 9까지로 동일하므로 각각의 항목은 다시 열 개의 세부 항목으로 나뉩니다. (세부 항목 역시 숫자의 순서대로 나열할 수 있으며, 그 경우 A항목의 세부 항목은 A0, A1, A2 순으로 이어질 것입니다.)

이제 우리는 목록에 포함될 조합을 전부 나열해보지 않고도 총계를 구할 수 있습니다. 스물여섯 개의 항목마다 세부항목이 열 개씩 있으므로 총 가능한 조합은 26×10=260개입니다.

이 방법이 훌륭하게 맞아떨어질 수 있었던 이유는 각 항목의 크기가 모두 똑같아서 곱셈이 가능했기 때문입니다. 만약 목록을 이렇게 정형화된 방식으로 쪼갤 수 없었다면 항목의 크기가 전부 제각각이었을 텐데, 그러면 각 항목의 수를 더하는 데에만도 많은 노력이 소모되었을 겁니다. 따라서 가상의 목록을 만드는 첫 번째 원칙은 항목을 최대한 동일한 크기로 목록을 쪼개라는 것입니다.

이제 진짜 1960년대 캘리포니아 번호판으로 돌아와봅시다. 세 자리 알파벳과 세 자리 숫자로 이루어진 번호판의 목록을 그려보아야 합니다. 앞서와 같이 목록은 우선 첫째 자리 알파벳에 따라 나눌 수 있습니다. 그리고 각 항목은 두 번째 알파벳에 따라 세부 항목으로 다시 나뉩니다. 첫 자리 알파벳 하나당 둘째 자리 알파벳 26개가 뒤따를 수 있으므로 총 세부항목의 수는 26×26개입니다.

또한 이 세부항목은 셋째 자리 알파벳에 따라 다시 한 번 나눌 수 있으며(이걸 전부 나열한다고 생각해보세요! 얼마나 끔찍한가요?) 수식으로 표현하면 총 26×26×26개의 항목으로 나뉘었음을 알 수 있습니다. 그리고 이 각각의 항목에 대해서는 정확히 천 개의 숫자 조합을 덧붙일 수 있습니다. 숫자가 000에서 시작하여 999까지 이어지기 때문입니다. 아니면 알파벳 항목을 나누었던 것과 똑같은 논리를 적용하여 숫자로 이루어진 세부 항목의 수를 10×10×10으로 구할 수도 있습니다.

따라서 최종적으로 가능한 번호판 조합의 수는 다음과 같습니다.

$$26 \times 26 \times 26 \times 10 \times 10 \times 10$$

약간의 정신노동으로 엄청난 신체적 고통을 피할 수 있게 되었네요. 게다가 이렇게 하면 틀릴 가능성도 거의 없습니다. 모든 항목을 정확히 한 번씩만 센다는 보장이 있으니까요.

약간의 정신노동이 필요하다

비슷한 예로서 카지노에서 쉽게 볼 수 있는 바퀴 세 개짜리 슬롯머신이 있습니다. 각각의 바퀴에는 체리, 레몬, 숫자 7 등의 그림이 그려져 있는데, 작동시키면 바퀴가 돌아가다가 어느 순간 표시창에 다음과 같이 그림이 나타납니다.

슬롯머신은 앞서 살펴본 자동차 주행기록계나 계수기와 굉장히 비슷하지만, 전달 핀이 없다는 점이 다릅니다. 각각의 바퀴는 서로 완전히 독립적이며 그 독립성 덕분에 경우의 수를 구하기가 쉽습니다. 첫 번째 표시창에 어떤 그림이 나오는지와 무관히 두 번째 표시창에는 어떤 그림이든 나올 수 있기 때문입니다. 즉, 첫 번째 표시창에 나온 레몬은 두 번째 표시창에 그 어떤 영향도 주지 못합니다.

각각의 바퀴에 그림이 여섯 가지씩 그려져 있다고 합시다. 그러면 가능한 모든 조합의 목록은 먼저 첫 번째 바퀴를 기준으로 여섯 개의 항목으로 나뉠 겁니다. 그 항목 각각은 다시 여섯 개의 세부항목으로 나뉘고, 세부항목 역시 다시 여섯 개로 나뉘겠지요. 따라서 가능한 총 조합의 수는 6×6×6개입니다.

여기서 우리는 아주 일반적이고 쓰임새가 다양한 한 가지 셈의 원칙을 얻을 수 있습니다. 슬롯머신처럼 독립적인 사건으로 이루어진 목록의 경우 각각의 경우의 수를 그저 곱하기만 하면 모든 가능한 조합을 구할 수 있다는 것입니다. 앞서 번호판의 사례 역시 바퀴 세 개 대신 알파벳 세 개 및 숫자 세 개가 주어졌을 뿐 원리는 완전히 같습니다.

로드아일랜드 주의 번호판은 QZ458과 같이 구성된다.

가능한 모든 번호판의 개수는?

도박 이야기가 나온 김에 돈을 딸 가능성에 대해서도 한 번 생각해봅시다. 도박을 하는 사람이라면 누구나 어떤 게임이 돈을 딸 가능성이 높은지를 늘 궁금해 합니다. 다만 대략적인 가능성이라도 알고 싶어 하지요. 당연히 확실한 건 아무것도 없지만 확률을 따져볼 수는 있습니다. 가장 쉬운 방법은 가능한 모든 결과의 수와 우리가 원하는 사건의 가능성을 비교하는 겁니다.

예를 들어, 앞의 슬롯머신을 돌린다고 생각해봅시다. 바퀴 세 개에 각각 그림이 여섯 개씩 있으므로 가능한 모든 조합은 6×6×6=216가지입니다. 그런데 돈을 딸 수 있는 조합이 777 또는 체리 세 개가 동시에 나오는 두 가지 경우밖에 없다면 우리가 돈을 딸 확률은 216 중 2에 불과합니다. 이 수치를 분수로 나타내면 $\frac{2}{216}$이고, 백분율로는 약 0.9%가 됩니다. 혹은 총 216가지 가능성 중에서 오직 두 가지 경우만 돈을 딸 수 있다는 점에서 배당률이 216 대 2라고 표현하기도 합니다. 그러고 보니 가능성과 확률의 문제도 결국은 숫자 세기의 문제로 귀결되는군요.

카드 한 벌을 골고루 섞었다. 제일 위에 있는 카드가 스페이드 혹은 킹, 퀸, 잭 카드일 가능성은 얼마인가?

국기 그리기

이제 약간 더 복잡한 문제를 살펴보겠습니다. 나의 어릴 적 관심사였던 여러 나라의 국기에 관한 문제입니다. 마음 같아서는 세계 각국의 국기를 모두 다뤄보고 싶지만, 공간이 턱없이 부족하겠죠? 여기서는 상황을 단순화하기 위해 프랑스나 이탈리아 국기처럼 세로줄이 세 개 그려진 국기만으로 논의를 한정하겠습니다.

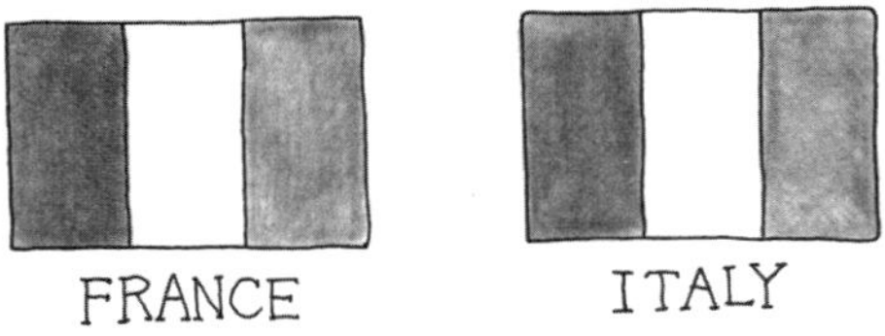

당연히 이 논의는 실제로 쓰이는 국기의 숫자와는 전혀 상관이 없습니다. 사실 국제정치처럼 수학과는 거리가 먼 분야를 찾기도 어려우니

까요. 불쑥불쑥 만들어지는 온갖 신생국가들의 이름도 못 따라가는데, 국기 디자인이야 두말할 필요가 있겠습니까? 여기서는 그냥 우리가 새로운 국가를 하나 세운다고 생각하고, 국기 색깔을 빨강, 검정, 노랑, 초록 네 가지 중에서 골라보겠습니다. 다시 말해서 국기 도안은 세로줄 세 개가 그려진 디자인으로 채택하였으나 어떤 색으로 할지는 아직 못 정한 상황입니다.

슬롯머신의 관점에서 보면 각각의 세로줄은 네 가지 그림이 그려진 바퀴 하나와 같습니다. 그러므로 가능한 모든 국기 디자인은 총 4×4×4=64가지입니다. 그런데 이러면 검정-검정-빨강이나 초록-초록-초록과 같은 국기가 만들어질 수도 있다는 문제가 있습니다. 그러니 세로줄 각각의 색깔이 서로 달라야 한다는 제한이 필요하겠지요. 어때요, 점점 더 재미있어지지요?

이번에도 가상의 목록을 이용하여 항목을 나눠보겠습니다. 슬롯머신 개념을 이용하되 약간의 재미있는 변화만 주면 됩니다. 먼저 첫 번째 세로줄은 색깔에 따라 네 가지 항목으로 나뉩니다. 그런데 같은 색깔을 반복할 수 없으니 두 번째 줄은 네 가지 색깔 중 단 세 가지만 선택할 수 있습니다. 다행히 이 조건은 첫 번째 색깔이 무엇이든 달라지지 않습니다. 즉, 첫 번째로 어떤 색깔을 골랐느냐에 따라 두 번째로 선택 가능한 색깔 자체는 달라지지만(즉, 첫 번째에 초록을 골랐다면 두 번째에는 초록을 고를 수 없음), 두 번째로 고를 수 있는 경우의 수가 셋이라는 사실에는 변함이 없습니다.

따라서 목록은 먼저 네 개의 항목으로 나뉘고, 각각의 항목은 다시 세 개의 하위 항목으로 나뉘며, 마지막 세로줄에 사용할 수 있는 색깔은 단 두 가지입니다. 예를 들어 '빨강-검정'항목에서 택할 수 있는 국기 디자인은 '빨강-검정-노랑'과 '빨강-검정-초록'뿐입니다.

이처럼 색깔에 제한을 두었음에도 일종의 독립성(경우의 수의 독립성)이 유지된다는 점이 중요합니다. 이건 마치 첫 번째 바퀴에는 네 가지 그림이 있고, 두 번째 바퀴에는 세 가지, 세 번째 바퀴에는 두 가지 그림이 있는 슬롯머신과 같습니다. 따라서 가능한 모든 국기 디자인의 수는 4×3×2=24가지입니다.

사실 경우의 수가 그리 크지 않으니 모든 가능한 조합을 나열해보고, 색연필로 도안을 직접 그려보는 것도 나름대로 재미는 있을 거예요.

가능한 24가지 국기를 모두 그려보라.

어떤 디자인이 가장 좋은가?

다른 모든 예술 분야와 마찬가지로 숫자 세기에 능숙해지려면 다년간의 경험과 인내, 그리고 관심이 필요합니다. 가상의 목록을 만들고 각 사건의 독립성에 대해 고민해보는 건 그 좋은 출발점입니다.

첫 번째와 세 번째 세로줄의 색깔이 같아도 된다고 규칙을 바꾼다면

어떻게 될까?

숫자 세기에서 또 하나 자주 등장하는 문제는 여러 사물을 일렬로 나열하는 경우의 수를 찾는 것입니다. 예컨대 책장에 책 몇 권을 꽂으려고 하는데 일렬로 나열하는 방법은 총 몇 가지일까요? 문제를 단순화하기 위해 A, B, C, D라는 책이 있다고 해봅시다. 이제 나열하는 순서는 DACB, BDCA등 알파벳의 조합으로 표현됩니다.

먼저 첫 번째 칸에 꽂을 수 있는 경우의 수는 4가지입니다. 두 번째 칸에는 첫 번째 칸에 어떤 책을 꽂는지와 무관히 경우의 수가 3가지입니다. 즉, 이어지는 칸에는 이전 칸보다 꽂을 수 있는 책의 수가 하나씩 줄어듭니다. 남은 책의 수가 그만큼 줄어들기 때문이지요. 따라서 세 번째 칸에는 두 가지, 마지막 칸에는 단 한 가지의 선택지만이 남습니다.

이번에도 다행히 경우의 수의 독립성은 유지되었고, 국기 디자인의 사례와 마찬가지로 4×3×2×1=24가지의 가능한 목록이 도출되었습니다. 책의 종류는 국기 문제에서의 색깔과 같고, 책꽂이의 자리는 세로줄의 역할과 같기 때문입니다. 마지막까지 남은 책은 마지막까지 사용되지 않고 남아 있던 색깔과 같습니다.

수학적 통찰이 필요한 이유

숫자 세기에서는 이런 경우가 정말 많습니다. 전혀 달라 보이는 두 가지 사례가 실은 완전히 똑같은 것으로 밝혀지는 겁니다. 물론 정답은 달랐지만 문제의 본질 자체는 같았습니다. 사실 이처럼 사물의 가장 단순하고 추상적인 측면을 통해 대상을 더 깊이 이해하고 여러 사물 사이의 연결고리를 만드는 것이 바로 수학자의 일입니다. 수학적 통찰은 여러 분야에서 강력한 통찰력을 발휘하지요.

위의 사례로부터 아주 단순하면서도 일반적인 셈의 원칙이 도출됩니다. 여러 개의, 예컨대 열세 개의 사물을 일렬로 늘어놓을 수 있는 가능한 모든 방법의 수는 다음과 같습니다.

$$13\times12\times11\times10\times9\times8\times7\times6\times5\times4\times3\times2\times1$$

셈의 문제에서는 이런 식의 연속적인 곱셈이 아주 자주 등장하며, 이를 표현하는 기호도 존재합니다. 보통 13!라고 쓰고 13팩토리얼factorial이라고 읽습니다. 느낌표와 똑같아서 좀 이상하긴 하지만(전에도 말했듯이 인쇄업자들은 이미 존재하는 활자를 최대한 활용하고자 했어요) 어쨌든 상당히 표준적인 기호로 받아들여지고 있어요. 다만 한 가지 단점은 이 기호를 쓸 때 우리의 불같은 열정을 절제해야 한다는 것입니다. 너무 흥분해서 "정답은 바로 5!"라고 쓰면 헷갈릴 수 있거든요.

어쨌든 3!은 세 개의 대상을 일렬로 나열하는 방법이 여섯 가지 있다는 의미이며, 2!는 신발 신는 방법이 두 가지 있다는 뜻입니다. 하나는 평범한 방법, 또 하나는 엄청 불편한 방법이겠지요. 물론 1!도 '한 가지 사물을 순서대로 나열할 수 있는 단 하나의 방법'이라는 뜻에서 가능은 합니다. 심지어 0!=1이라고 쓸 수도 있습니다. 빈 책장을 정리하는 방법은 단 한 가지, 아무것도 하지 않는 것일 테니까요. 아무튼 아주 아름다운 패턴임에는 틀림없습니다.

책 일곱 권을 나열하는 방법이 오천 가지가 넘는다는 사실을 증명해보라.
그중 두 권이 완벽하게 똑같아서 구분할 수 없다면 어떻게 될까?

그밖에 가능한 모든 집합에서 일부를 선택하는 문제도 자주 등장합니다. 예를 들어, 전구 갈아 끼우기를 도와줄 아이를 두 명 뽑으려는데, 여섯 명이 지원했다고 합시다. 선택할 수 있는 방법은 총 몇 가지일까요?

실생활에서라면 당연히 대충 뽑고 말았겠지만, 그렇더라도 선택지가 총 몇 가지인지 궁금하긴 했을 겁니다.

놀랍게도 이 상황은 앞서 점과 직선으로 이루어진 도형의 문제와 사실상 똑같습니다. 각 점이 한 아이를, 직선은 선택 가능한 짝을 뜻한다는 사실을 알아채는 게 중요해요.

좀 더 복잡한 문제

벌써 답을 구하셨다고요? 그래요, 정답은 15입니다. 하지만 도와줄 아이가 세 명 필요하다면 어떨까요? 세 명의 묶음은 점과 직선으로는 쉽게 설명이 안 될 테니 생각을 좀 더 해봅시다. 이번에는 의도적 중복 기법이 적합합니다. 우선 세 칸짜리 슬롯머신이 있고 각각의 칸은 도와줄 아이 한 명을 의미한다고 생각해보세요. 첫 번째 칸을 채울 방법은 여섯 가지이고, 두 번째 칸은 다섯 가지(첫 번째 아이는 벌써 일을 하고 있으니까요), 마지막 칸은 네 가지입니다. 결국 가능한 선택지는 6×5×4가지로군요.

하지만 이렇게 하면 똑같은 세 명으로 이루어진 묶음을 여러 번 세게 되기 때문에 엄청난 중복이 발생합니다. 말하자면 제인-마이클-크리스 순으로 고르는 경우와 크리스-제인-마이클 순으로 고르는 상황을 따로 센 겁니다. 하지만 실제로 둘은 똑같은 묶음이지요. 슬롯머신 기법만으로는 이 문제를 해결할 수 없습니다.

이제 우리가 똑같은 팀을 몇 번이나 중복해서 센 건지를 구해야 합니다. 세 명을 일렬로 나열하는 방법은 정확히 3!=6가지이므로 우리가 실수로(혹은 의도적으로) 같은 묶음을 여섯 번씩 세었겠네요. 그렇다면 앞서 얻은 총계는 정답의 여섯 배에 해당하므로 6으로 나누면 다음과 같은 답을 얻을 수 있습니다.

$$(6\times5\times4)\div6=20$$

결국 여섯 명으로부터 세 명을 뽑는 방법은 스무 가지입니다. 이런 상황은 '여섯 개 중 세 개를 택한다'고 표현하고, $\binom{6}{3}$로 표기합니다. 가로선이 없다는 점에서 분수기호와는 전혀 다릅니다. 또한 괄호는 헷갈리지 말라고 써놓은 게 아니라 정식 기호라는 점도 기억하세요.

따라서 $\binom{8}{5}$는 여덟 개 중에서 다섯 개를 뽑는 조합의 수를 의미하며, 여기에는 주어진 선택지 가운데 어떤 것을 뽑든, 어떤 순서로 뽑든 아무런 제한도 없다는 암묵적 가정이 깔려 있습니다. 계산식은 다음과 같습니다.

$$\binom{8}{5}=(8\times7\times6\times5\times4)\div5!$$

여기서 5!는 다섯 가지 사물을 일렬로 나열하는 경우의 수로서 중복 조합을 상쇄하기 위한 장치입니다. 원한다면 비교를 위해 숫자로 표현해볼 수도 있습니다. 간단한 한 가지 방법은 5!를 분모에 풀어 쓴 뒤 공통되는 분모와 분자를 약분하는 것입니다.

$$\frac{8\times7\times6\times5\times4}{5\times4\times3\times2\times1}=\frac{8\times7\times6}{3\times2\times1}=8\times7=56$$

따라서 여덟 개로 이루어진 묶음에서 다섯 개를 선택하는 방법은 정확히 56가지입니다.

여덟 명을 네 명씩 두 묶음으로 나누는 방법의 수는 몇 가지인가?

도넛을 상자에 넣어보자

재미있는 문제가 하나 더 있습니다. 여덟 개들이 도넛 한 상자가 있다고 합시다. 다섯 개는 초코맛, 세 개는 딸기맛입니다. 도넛은 원하는 순서대로 상자에 배열할 수 있는데, 맛에 따라서만 종류를 나눌 뿐 개별 도넛은 중요하지 않습니다. 즉, 초콜릿과 딸기를 각각 A, B라는 기호로 표현한다면 도넛 한 상자는 예를 들어 다음과 같이 배열됩니다.

ABAABABA

초코 도넛 두 개의 자리를 서로 바꾸어도 패턴에는 아무런 영향을 주지 못합니다. 그렇다면 A 다섯 개와 B 세 개로 이루어진 집합은 몇 가지 패턴으로 나열할 수 있을까요?

여기서는 도넛 그 자체가 아니라 빈 칸을 센다고 생각하면 쉽습니다. 즉 빈 칸이 여덟 개 있는데 그중 다섯 개를 골라서 A를 넣는 경우의 수를 생각해보면 됩니다. 나머지 칸은 전부 B로 채워질 테니까요. 그러면 구하려는 수는 당연히 총 $\binom{8}{5}$가 됩니다.

위 문제의 답이 $\binom{8}{3}$과 같은 이유를 설명하시오.

그런데 여기에 한 가지 맛이 더해지면 상황은 미묘해집니다. 이번에는 도넛이 총 열두 개 있으며, 다섯 개는 초코맛, 세 개는 딸기맛, 네 개는 치즈맛입니다. 따라서 A 다섯 개, B 세 개, C 네 개로 만들 수 있는 패턴이 몇 가지나 되는지를 알아야 합니다. 예를 들면 다음과 같습니다.

CAABCABACCBA

의도적인 중복을 통해 문제가 해결될까요? 만약 각각의 도넛을 구분할 수 있었다면 답은 바로 12!였을 겁니다.

이 문제를 풀어보시오.

(제대로 풀었다면 정답은 2772이다.)

도넛 가게에 온 김에 내가 정말 좋아하는 문제를 하나 더 풀어보죠. 좋은 계산 문제 하나를 푸는 데 얼마나 풍부한 창의력과 상상력이 요구되는지, 한번 확인해보세요.

열두 개들이 도넛 한 상자를 더 사려는데, 이번에는 A, B, C를 몇 개씩 넣어서 총 열두 개를 만들고자 합니다. 상자에 도넛을 넣는 순서는 전혀 상관없고 오직 각각의 맛을 몇 개씩 담는지만 중요합니다. 따라서 A 2개, B 3개, C 7개가 든 한 상자는 순서에 상관없이 모두 동일합니다. A를 먼저 다 넣고, 그 다음 B, 마지막으로 C를 다 넣어도 되고, 반대여도 상관없어요.

그러면 이 문제는 "12를 세 숫자의 합으로 쪼개는 방법은 총 몇 가지인가?"라고 바꿀 수 있습니다. 혹은 "더해서 총 12가 되는 세 숫자의 순서 조합은 몇 가지인가?"라고 볼 수도 있어요. 이때 2+3+7과 7+2+3은 서로 다릅니다. 각 자리는 서로 다른 맛의 도넛을 의미하기 때문입니다. 여기서 한 개 이상의 자리가 0으로 채워질 수도 있습니다. 즉, 6+6+0은 A 6개, B 6개만으로 이루어진 도넛 한 상자를 의미합니다.

이런 형태의 조합은 어떻게 경우의 수를 세어야 할까요? 가상의 목록을 만들고 어떻게든 정돈을 해보면 될 것 같습니다. 우선 A의 수를 기준으로 나누어볼 수 있을 텐데요. A가 전혀 없는 경우, A가 하나인 경우,

A가 두 개인 경우 등으로 이어지다가 마지막 항목은 A만 있고 다른 도넛은 전혀 없는 경우가 될 것입니다.

그런데 문제는 세부항목의 크기가 모두 제각각이라는 겁니다. 예컨대 A가 전혀 없는 경우의 세부항목은 경우의 수가 상당히 많은 반면 A만 있는 경우는 세부항목이 단 한 가지입니다. 게다가 이 문제는 세부항목 그 자체에서도 똑같이 발생할 테니 문제는 더욱 복잡해지겠군요. 이를 어쩌나요.

가림막을 세워라

여기서 쓸 수 있는 아주 끝내주는 아이디어가 있습니다. 빵집이나 도넛 가게에서 실제로도 많이 쓰이는 방법인데, 바로 맛이 섞이지 않도록 가림막을 세우는 것입니다. 딸기맛 도넛이 초콜릿 범벅이 되는 일은 피하기 위한 장치이지요. (두 가지 맛이 섞인다면 나로서는 그저 감사한 일이겠지만요.) 이제 도넛 상자는 다음과 같은 모습이 됩니다.

AAA | BBBB | CCCC

가능한 한 일관성과 대칭성을 유지하기 위해 가림막의 수는 항상 두 개로 유지한다고 합시다. 예를 들어 C는 없고, A 7개와 B 5개로 이루어진 상자의 경우 가림막 하나는 A와 B 사이에 두고 나머지 하나는 그냥 끝에 둡니다.

AAAAAAA | BBBBB |

이런 경우도 있을 수 있겠네요.

| CCCCCCCCCCCC

AAAAAA | | CCCCCC

| BBBBBBBBBBBB |

어쨌든 가림막은 늘 두 개이고 가림막 바로 옆에는 도넛이 있든 없든 괜찮습니다.

여기서 가림막이 얇은 기름종이가 아닌 플라스틱 모형 도넛이라고 가정하면 재미있는 일이 벌어집니다. 도넛 한 상자에는 총 열 네 개의 도넛이 들어가고, 그중 두 개는 모형 도넛이라고 볼 수 있기 때문입니다. 모형 도넛은 어느 위치에도 놓을 수 있으며 다른 진짜 도넛들과 똑같이 취급됩니다.

자, 이제 진실의 문이 열렸습니다. 우리는 열네 개 중 두 개의 모형 도넛이 가야 할 자리를 고르고 있었을 뿐입니다. 그러므로 정답은 바로 $\binom{14}{2}$=91입니다. 정말 멋지지 않나요?

고를 수 있는 맛이 총 네 가지라면 어떻게 달라지는가?

지금까지의 논의를 통해 여러분이 산수의 미묘함, 아름다움, 깊이를 조금이나마 이해할 수 있었기를 바랍니다. 물론 산수의 가치를 진정으로 이해하기 위한 최선의 방법은 자신만의 산수 문제를 만들어보고, 독특하고 영리하며 재치 있는 해결책을 찾아보는 것입니다. 마치기 전에 여러분께 보물 하나를 더 남기고 가겠습니다.

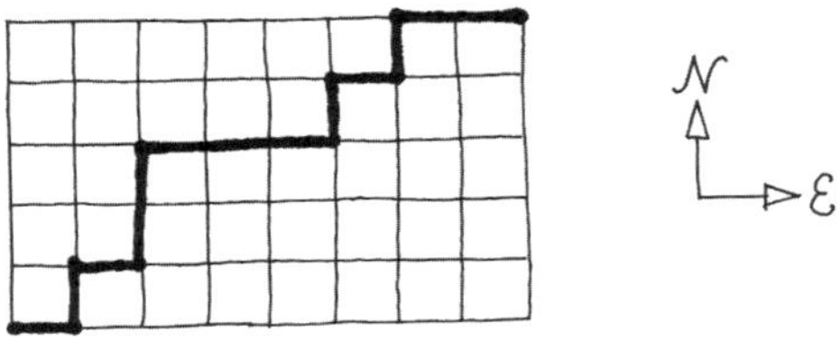

당신은 집에서 북쪽으로 다섯 블록, 동쪽으로 여덟 블록 떨어진 카페에서 친구와 만나기로 했다. 북쪽과 동쪽으로만 간다고 가정했을 때 가능한 경로의 수는 몇 가지인가?

수학적 아름다움을 발견하라

독자 여러분, 우리가 해냈습니다. 우리의 논의가 기술적인 측면에서 옳은 것이었기를, 또한 미학적이고 철학적인 측면에서 참된 것이었기를 바랍니다. 무엇보다도 이 책을 계기 삼아 여러분이 우리의 정신을 하나의 놀이터라고 생각하게 되었으면 합니다. 우리는 인간의 정신이라는 무한의 놀이터에서 아름다움을 창조함으로써 기쁨과 재미를 얻고, 이미 이해한 것과 아직 이해하지 못한 것 모두에 대해 경이를 느껴볼 수 있습니다. 이 책이 여러분에게 수학적 아름다움에 대한 일말의 이해라도 가져다 줄 수 있었다면 그보다 큰 기쁨은 없을 것입니다.

숫자 갖고 놀고 있네

1판 1쇄 찍음 2018년 8월 14일
1판 1쇄 펴냄 2018년 8월 21일

지은이 폴 록하트
옮긴이 김정은
펴낸이 조윤규
편집 민기범
디자인 홍민지

펴낸곳 생각의서재
등록 2017년 1월 6일 제2017-000050
주소 (07788) 서울특별시 강서구 마곡중앙로 161-17 보타닉파크타워1 612호
전화 영업부 02-3661-7283 / 기획편집부 02-3661-7284 | 팩시밀리 02-3661-7285
이메일 houseofthinking@naver.com

ISBN 979-11-961926-8-6 03410

· 원고 투고를 기다립니다. 집필하신 원고를 책으로 만들고 싶은 분은 houseofthinking@naver.com로 원고 일부 또는 전체, 간략한 설명, 연락처 등을 보내주십시오.

이 도서의 국립중앙도서관 출판예정도서목록(CIP)은 서지정보유통지원시스템 홈페이지(http://seoji.nl.go.kr)와 국가자료공동목록시스템(http://www.nl.go.kr/kolisnet)에서 이용하실 수 있습니다. (CIP제어번호 : CIP2018023243)